Das Mathebuch 2

Ausgabe Bayern

Arbeitsheft

Herausgegeben von
Karl-Heinz Keller und Peter Pfaff

Erarbeitet von
Wiebke Meyer
Hendrik Simon
Nina Simon

Ausgabe Bayern erarbeitet von
Hendrik Simon
Nina Simon

Name: ______________________

Klasse: ______________________

Mildenberger Verlag

1 >, < oder = ?

a) 4 ◯ 7
0 ◯ 1
19 ◯ 9
5 ◯ 5

b) 11 ◯ 10
13 ◯ 13
17 ◯ 18
20 ◯ 12

c) 8 ◯ 4 + 6
7 ◯ 2 + 5
9 ◯ 6 + 4
10 ◯ 1 + 8

d) 13 ◯ 10 + 2
18 ◯ 11 + 4
14 ◯ 13 + 6
19 ◯ 12 + 7

2 Ergänze die fehlenden Zahlen.

a) 6 = 4 + ☐
6 = ☐ + 3
6 = 1 + ☐
6 = ☐ + 6

b) 8 = 1 + ☐
8 = ☐ + 5
8 = 6 + ☐
8 = ☐ + 4

c) 9 = 3 + ☐
9 = ☐ + 5
9 = 1 + ☐
9 = ☐ + 9

d) 10 = 6 + ☐
10 = ☐ + 7
10 = 2 + ☐
10 = ☐ + 1

3

a)

+	4	5	3
5			
15			

b)

−	4	5	6
7			
17			

c)

+	3	4	5
4			
14			

d)

−	4	6	8
8			
13			
15			

e)

+	5	6	7
6			
8			
13			

f)

−	3		9
9		2	
	13		7
17			

4

a)

b)

c)

d)

e)

f)

g)

5 Setze die Muster fort.

a)
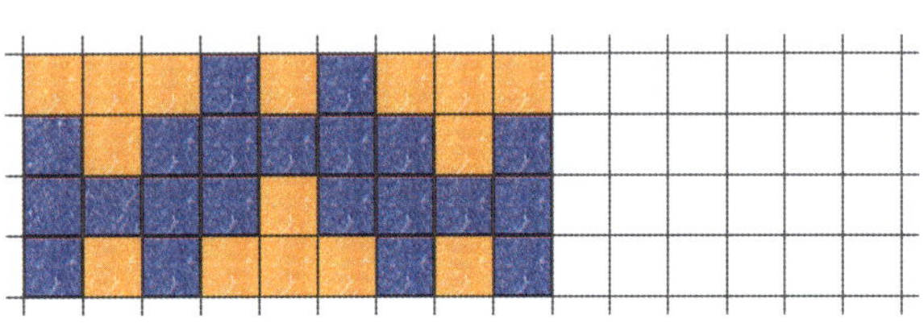

b)
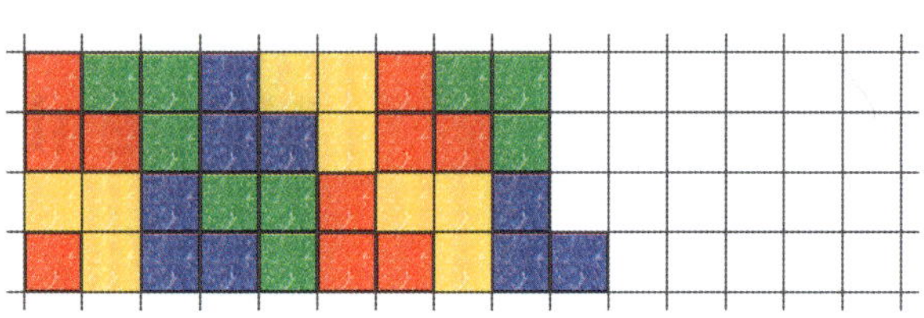

1 Wie bezahlst du? Lege und schreibe auf.

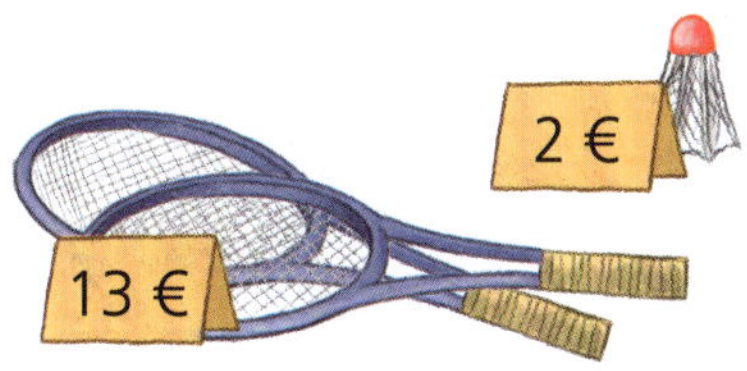

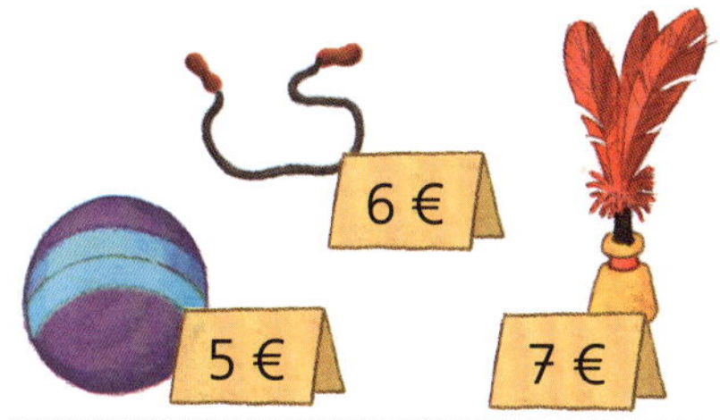

2 Du bezahlst mit einem 20-Euro-Schein. Wie viel bekommst du zurück?

a)

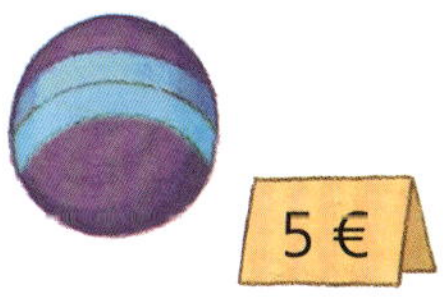

20 € – ☐ € = ☐ €

Ich bekomme ☐ Euro zurück.

b)

☐ € – ☐ € = ☐ €

Ich bekomme ☐ Euro zurück.

c)

☐ € – ☐ € = ☐ €

Ich bekomme ☐ Euro zurück.

3 Schreibe beide Uhrzeiten auf.

a)

☐ Uhr
☐ Uhr

b)

☐ Uhr
☐ Uhr

c)

☐ Uhr
☐ Uhr

4 a) 6 Mädchen und 8 Jungen der Klasse 2a bekommen neue Stühle in ihr Klassenzimmer.

F: ______________________________

____

L:

A: ______________________________

____

b) Im Klassenzimmer sollen 12 Tische ausgetauscht werden. 7 Tische hat der Hausmeister bereits ausgetauscht.

F: ______________________________

____

L:

A: ______________________________

____

1 Bündle. Wie viele sind es?

a)
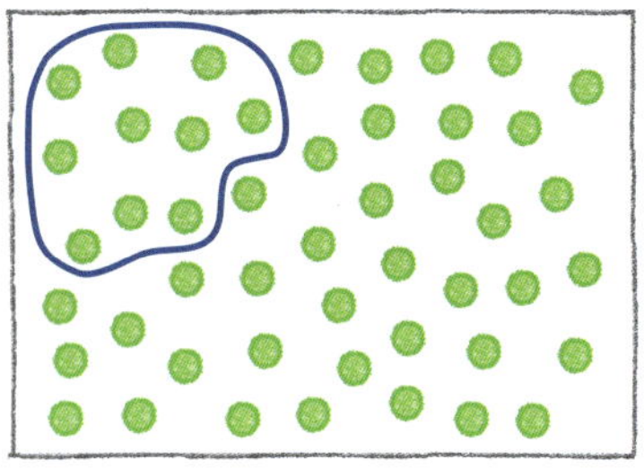

40 + 8 = ___

4 Z + 8 E = ___

b)

___ + ___ = ___

___ Z + ___ E = ___

c)

___ + ___ = ___

___ Z + ___ E = ___

2 Zeichne Punkte in der vorgegebenen Anzahl und bündle. Setze die fehlenden Zahlen ein.

a)

40 + 5 = ___

4 Z + 5 E = ___

b)

30 + 2 = ___

___ Z + ___ E = ___

c)

___ + ___ = ___

___ Z + ___ E = 67

3 Was gehört zusammen? Verbinde.

10 50 70 40 90 20 30 60 80 100

siebzig zehn fünfzig sechzig dreißig

neunzig vierzig zwanzig hundert achtzig

4 >, < oder = ?

a) 50 ◯ 40
60 ◯ 90
30 ◯ 30

b) 80 ◯ 70
40 ◯ 20
60 ◯ 50

c) 10 ◯ 100
70 ◯ 60
20 ◯ 80

d) 10 ◯ 30
90 ◯ 90
100 ◯ 70

5 Verbinde die Zehnerzahlen in der richtigen Reihenfolge. Beginne mit der kleinsten Zahl.

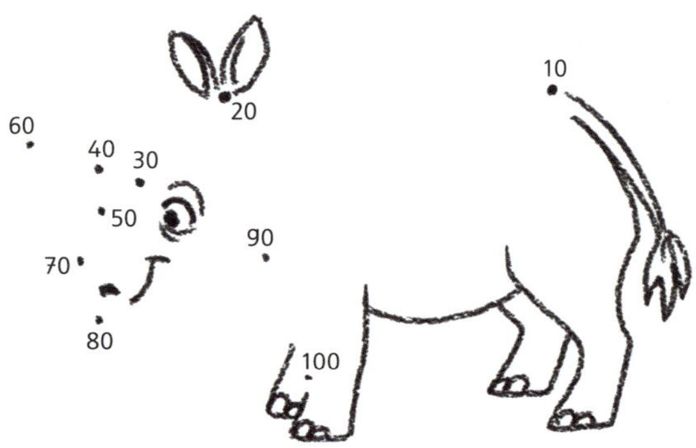

Zahlenband (Rahmen): 1 … 21 … 23 … 26 … 30, 31 … 33, 34 … 38 … 42 … 44 … 46 … 50 … 52 … 55, 56, 57 … 60 … 63 … 65 … 68 … 70 … 73 … 77 … 80 … 83, 84 … 86 … 91 … 93 … 95, 96

1 Trage die fehlenden Zahlen in das Zahlenband ein.

2 Schreibe zu jeder Zahl das richtige Zahlwort.

28	achtundzwanzig	63	
76		58	
44		85	
97		39	

3 Schreibe zu jedem Zahlwort die richtige Zahl.

sechsundvierzig		hundert		dreiunddreißig	
einundneunzig		neunzehn		vierzig	
fünfundsechzig		zweiundsiebzig		achtundneunzig	

4 Finde zu jedem farbigen Kärtchen das passende Buchstabenkärtchen.
Wie heißt der Lösungssatz?

Farbige Kärtchen: 36 · einundvierzig · ~~5 Z + 8 E~~ · 54 · 96 · siebzig · zweiunddreißig · 8 Z + 0 E · 59 · 7 Z + 7 E · dreiundzwanzig · 68 · 4 Z + 3 E

Buchstabenkärtchen:

3 Z + 6 E	L
~~achtundfünfzig~~	J
77	A
70	E
6 Z + 8 E	T
2 Z + 3 E	C
achtzig	Z
vierundfünfzig	H
41	K
43	I
5 Z + 9 E	S
sechsundneunzig	N
3 Z + 2 E	B

J _ _ _ _   _ _ _ _ _   _ _ _   _ _ _ _

_ _ _ _ _ _   _ _ _   1 0 0.

1 Welche Zahlen werden dargestellt?

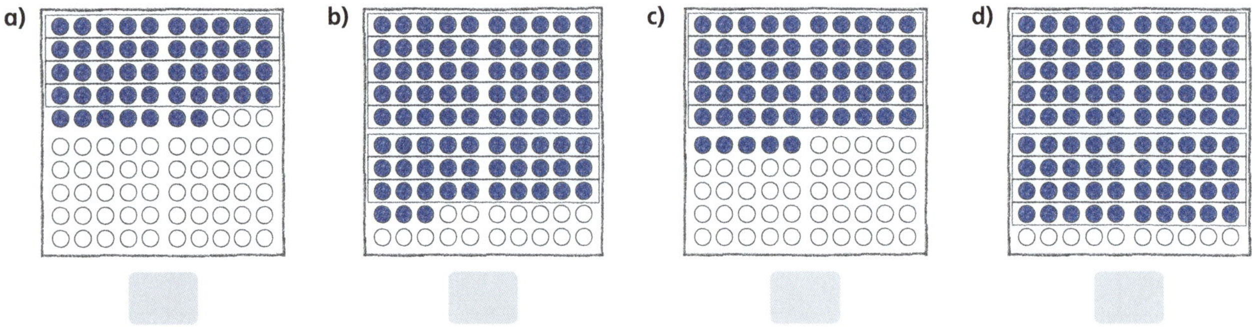

2 Stelle die Zahlen im Hunderterfeld dar. Färbe.

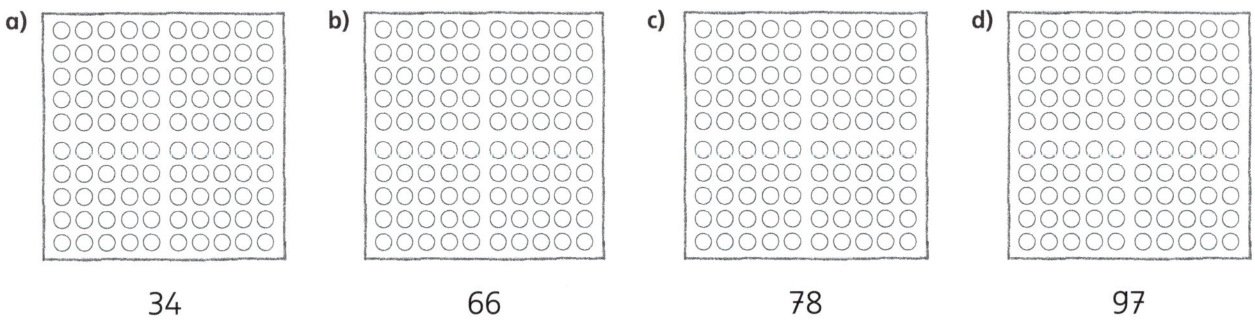

3 Wie viele Zehner und Einer benötigst du, um die Zahlen am Hunderterfeld darstellen zu können?

a)
52 = ___ Z + ___ E
61 = ___ Z + ___ E
12 = ___ Z + ___ E
26 = ___ Z + ___ E
59 = ___ Z + ___ E

b)
33 = ___ Z + ___ E
50 = ___ Z + ___ E
93 = ___ Z + ___ E
74 = ___ Z + ___ E
28 = ___ Z + ___ E

c)
11 = ___ Z + ___ E
100 = ___ Z + ___ E
40 = ___ Z + ___ E
87 = ___ Z + ___ E
99 = ___ Z + ___ E

4 Welche verschiedenen Zahlen kannst du mit dem unten abgebildeten Material im Hunderterfeld legen? Finde so viele Zahlen wie möglich.

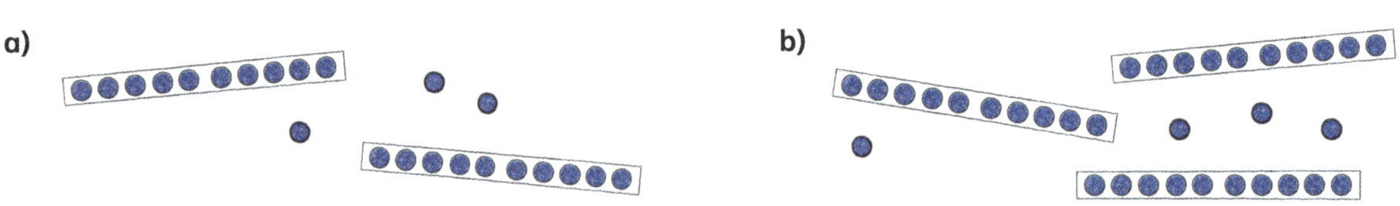

1, 12,

1 Welche Zahlen sind es? Trage ein.

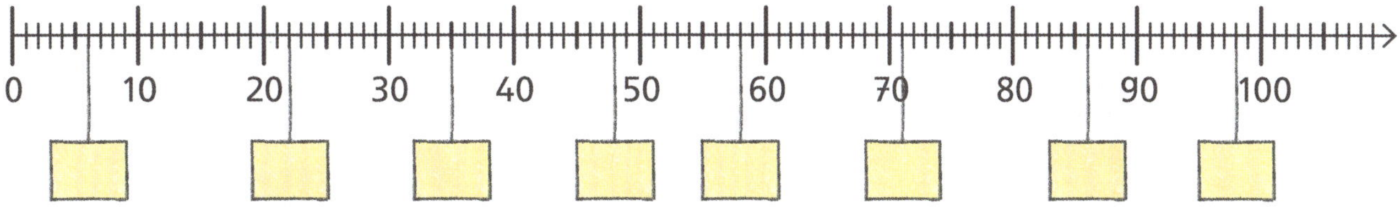

2 Verbinde die Zahlenkärtchen mit der richtigen Stelle am Zahlenstrahl.

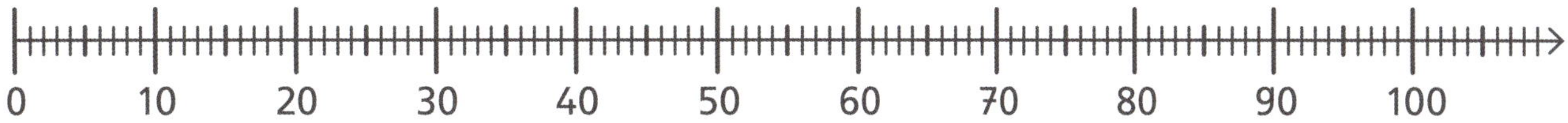

27 33 49 42 58 96 64 85

3 Ordne die Zahlen der Größe nach. Beginne mit der größten Zahl. Verwende >.

44 ~~98~~ 67 8 73 59 90 81

98 > ______________________________

4 Schreibe jeweils den Vorgänger und Nachfolger zu den Zahlen auf.

a)

	67	
	23	
	46	

b)

	78	
	39	
	50	

c)

	85	
	92	
	11	

d)

	64	
	80	
	36	

5 Trage die fehlenden Zahlen ein.

a)

	20	21		
				41
				100

b)

		65		
78				
			37	

c)

				92
		53		
86				

6 Zwischen welchen Zehnerzahlen liegen die Zahlen? Verbinde.

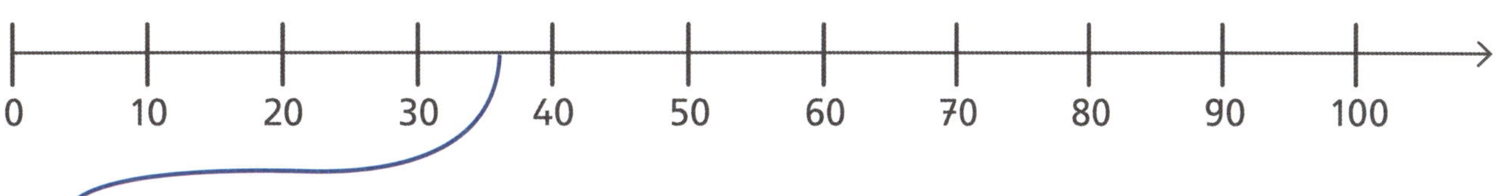

36 11 66 59 95 73 88 97

1 Ordne die Schlüssel der Länge nach.
Beginne mit dem kürzesten Schlüssel. Verwende <.

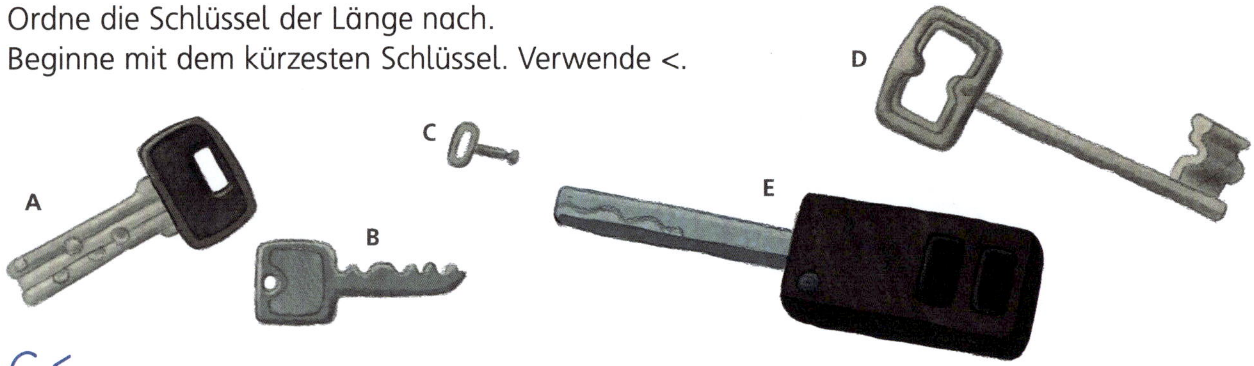

C < ______________________________

2 Miss die Länge der Gegenstände mit dem Lineal.

5 cm

2 cm

8 cm

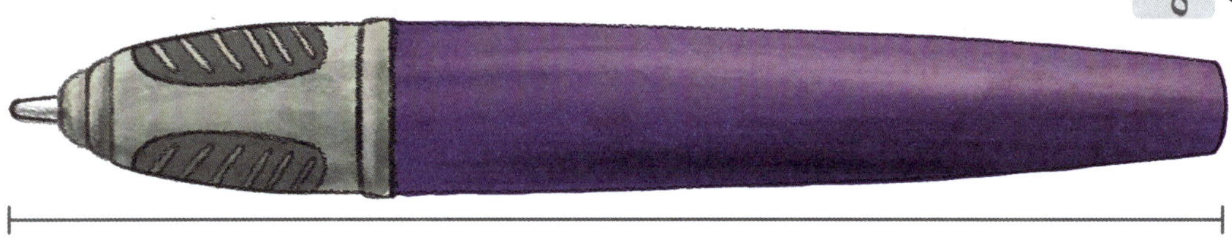

14 cm

3 Miss die Länge jeder Strecke. Färbe gleich lange Strecken in der gleichen Farbe.

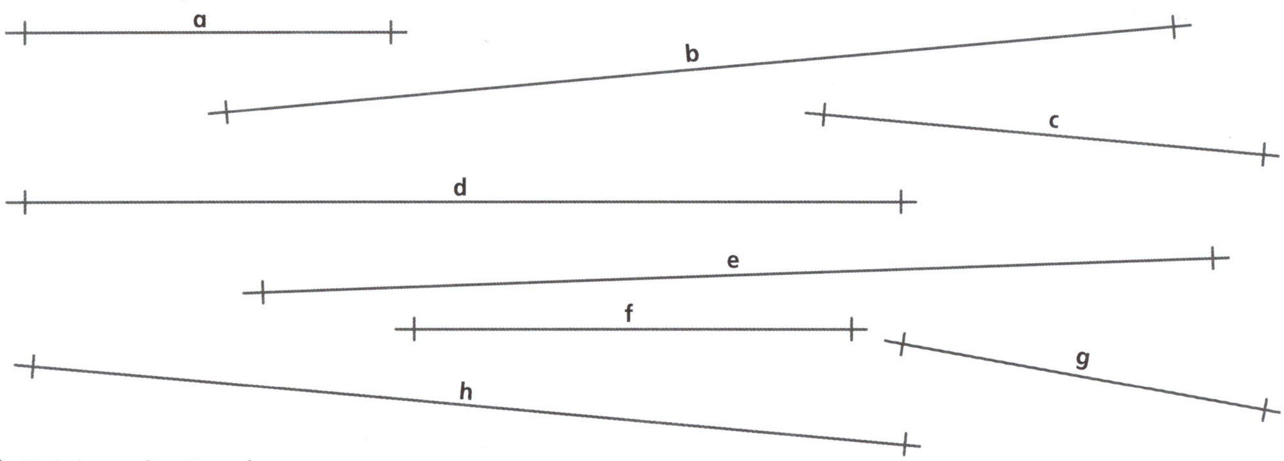

4 Zeichne die Strecken.

a = 6 cm

b = 5 cm

c = 10 cm

1 Miss die Längen der folgenden Gegenstände mit der Fingerbreite, Fingerspanne oder der Schrittlänge. Miss dann mit dem Lineal oder dem Metermaß. Vergleiche deine Ergebnisse.

	gemessen mit Körpermaßen	gemessen mit Lineal/Metermaß
Länge des Spitzers	Fingerbreite	cm
Länge des Bleistiftes		
Länge des Mäppchens		
Höhe des Tisches		
Länge des Klebestiftes		
Länge des Lesebuches		
Länge des Füllers		

2 Schätzt die Längen der folgenden Gegenstände. Dann messt nach.

	geschätzt		gemessen
	ich	mein Partner	
Breite des Fensters			m cm
Länge des Matheheftes			
Länge der Kreide			
Breite des Tisches			

3 Wie groß sind die Gegenstände oder Tiere in Wirklichkeit? Kreuze an.

a) 
2 m
8 m
10 m

b) 
1 m
1 cm
10 cm

c) 
4 m
40 cm
14 cm

d) 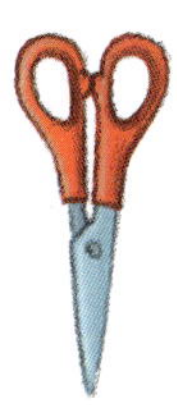
13 cm
30 cm
3 cm

e) 
7 m
70 cm
17 cm

f) 
60 cm
6 m
60 m

1 Welche Figuren sind Rechtecke, Quadrate, Dreiecke oder Kreise?
Kreuze in der Tabelle an.

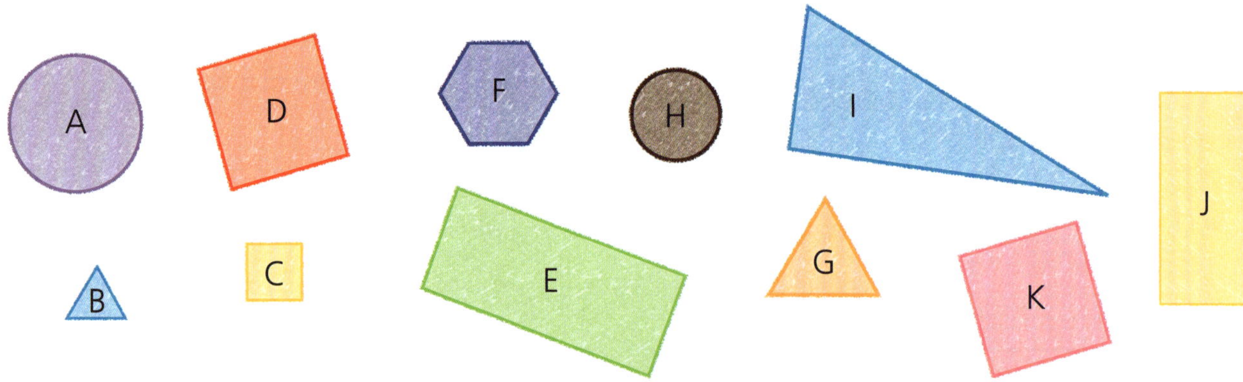

Figur	Rechteck	Quadrat	Dreieck	Kreis	andere Figuren
A				X	
B					
C					
D					
E					
F					
G					
H					
I					
J					
K					

2 Nehmt immer einen quadratischen Zettel von einem Notizblock.

a) Faltet aus dem Quadrat ein großes Rechteck. Wie viele große Rechtecke entstehen?

b) Faltet aus dem Quadrat ein kleines Quadrat. Wie viele kleine Quadrate entstehen?

c) Faltet aus dem Quadrat ein großes Dreieck. Wie viele große Dreiecke entstehen?

d) Faltet aus dem Quadrat ein kleines Dreieck. Wie viele kleine Dreiecke entstehen?

1 Ggf. thematisieren, dass Quadrate auch Rechtecke sind

1 Welche Bezeichnungen stimmen? Kreuze an.

a) 
- ☐ Viereck
- ☐ Rechteck
- ☐ Quadrat

b) 
- ☐ Viereck
- ☐ Dreieck
- ☐ Kreis

c) 
- ☐ Quadrat
- ☐ Rechteck
- ☐ Viereck

d) 
- ☐ Dreieck
- ☐ Kreis
- ☐ Rechteck

e) 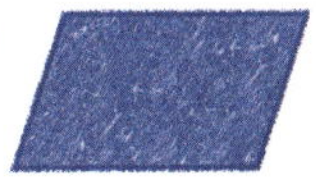
- ☐ Dreieck
- ☐ Rechteck
- ☐ Viereck

f) 
- ☐ Viereck
- ☐ Fünfeck
- ☐ Dreieck

2 Fülle die Lücken aus.

a) Ein Rechteck hat _____ Ecken und _____ Seiten.

b) Das Quadrat ist immer auch ein ________________.

c) Das Quadrat hat _____ gleichlange ____________.

d) Der _________ hat keine Ecken.

e) Das ________________ hat _____ Ecken und genauso viele ____________.

f) Das Fünfeck hat _____ Ecken und _____ Seiten.

3 Spannt jeweils vier verschiedene Figuren, die sich aus den vorgegebenen Vierecken zusammensetzen. Zeichnet die Figuren.

a) 4 Quadrate

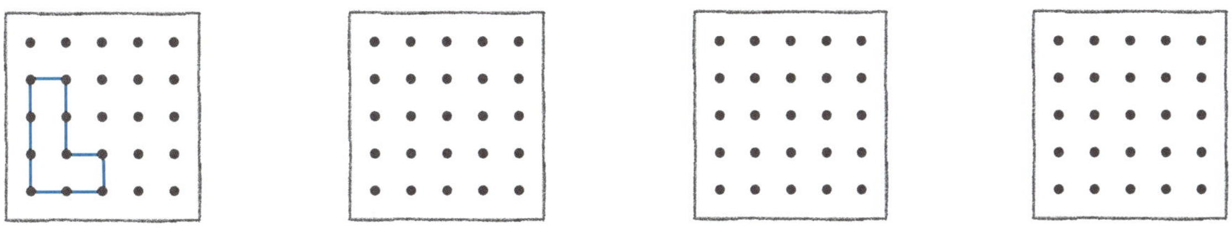

b) 2 Quadrate und 1 Rechteck

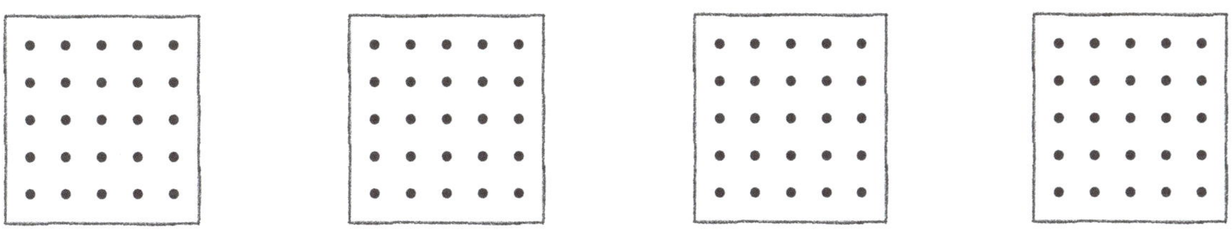

c) 1 Quadrat und 2 Rechtecke

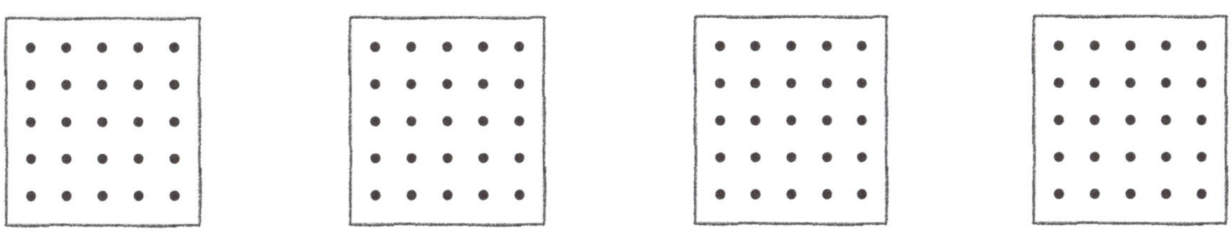

1 Denke an die kleine Aufgabe.

a) 54 + 5 = ___
21 + 8 = ___
86 + 2 = ___

b) 88 + 1 = ___
12 + 7 = ___
63 + 6 = ___

c) 73 + 5 = ___
26 + 2 = ___
41 + 7 = ___

d) 56 + 3 = ___
45 + 4 = ___
71 + 9 = ___

2

3 Denke an die kleine Aufgabe.

a) 38 − 3 = ___
87 − 6 = ___
79 − 7 = ___

b) 29 − 6 = ___
74 − 2 = ___
36 − 3 = ___

c) 66 − 4 = ___
97 − 5 = ___
49 − 9 = ___

d) 26 − 4 = ___
58 − 8 = ___
88 − 7 = ___

4

5 Finde die 5 Fehler und verbessere falsche Ergebnisse.

a) 43 + 4 = ~~46~~ 47
68 + 1 = 69 ___
72 + 5 = 87 ___

b) 57 − 5 = 53 ___
89 − 2 = 87 ___
74 − 3 = 44 ___

c) 47 − 2 = 45 ___
26 + 3 = 29 ___
71 + 9 = 79 ___

1 a) 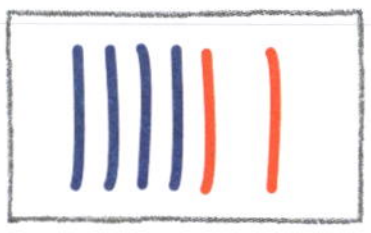

4 Z + 2 Z = 6 Z
40 + 20 =

b) 2 Z + 5 Z =

c) 30 + 20 =

d) 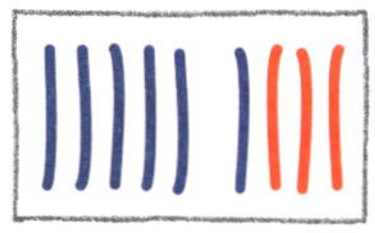

2 a) 60 + 20 =
30 + 40 =
10 + 80 =

b) 50 + 10 =
20 + 70 =
40 + 40 =

c) 10 + 70 =
50 + 10 =
80 + 20 =

d) 70 + 40 =
60 + 60 =
80 + 50 =

3 a) 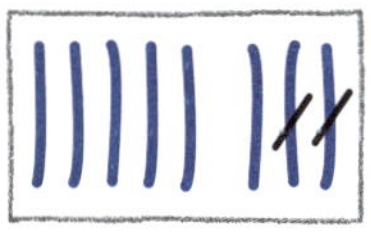

8 Z − 2 Z =
80 − =

b) 90 − 60 =

c) 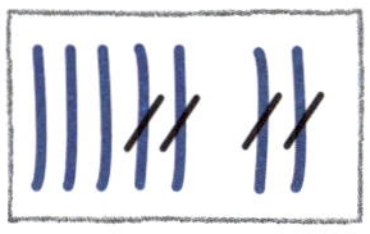

d) 6 Z − 5 Z =

4 a) 90 − 30 =
80 − 60 =
50 − 20 =

b) 50 − 40 =
60 − 30 =
100 − 70 =

c) 90 − 50 =
60 − 10 =
90 − 80 =

d) 140 − 60 =
110 − 50 =
130 − 40 =

5 a) 

b) 

c) 

d) 

6 Die Klasse 2b möchte die Rückwand des Klassenraumes mit bunten Handabdrücken verzieren. Alle 20 Kinder drücken ihre rechte Hand in Rot und ihre linke Hand in Blau an die Wand.

a) Wie viele blaue und rote Handabdrücke sind an der Wand zu sehen?

L:

A: ______________________

b) Wie viele blaue Finger lassen sich an der Wand zählen?

L:

A: ______________________

1 Wie viel Cent sind es?

a)

___ ct

b)

___ ct

2 Wie viel Euro sind es?

a)

___ €

b)

___ €

3 Wie viel Geld ist es?

a)

___ € ___ ct

b)

___ € ___ ct

c)

___ € ___ ct

d)

___ € ___ ct

4 Lege 1 € auf vier verschiedene Arten. Zeichne.

a) 1 €

b) 1 €

c) 1 €

d) 1 €

5 Wechsle die Scheine.

a)

	–	2	–	–

b)

1 Lena hat zu ihrer Geburtstagsfeier 11 Kinder aus ihrer Klasse eingeladen.
Zeichne ein passendes Balkendiagramm.

Jungen	Mädchen
𝍸	𝍸 𝍷

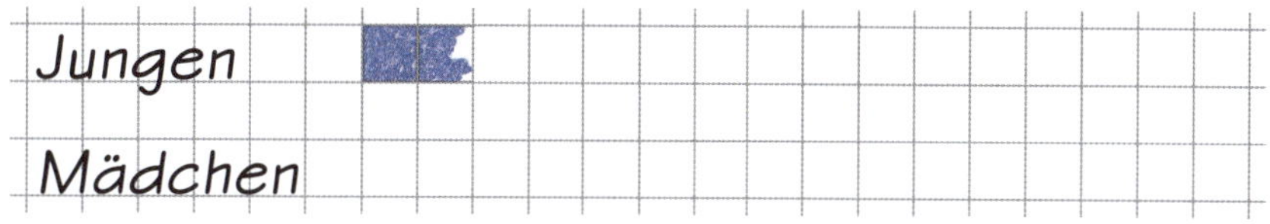

2 Lena möchte für die Feier Luftballons aufblasen. Sie hat 30 Stück gekauft.

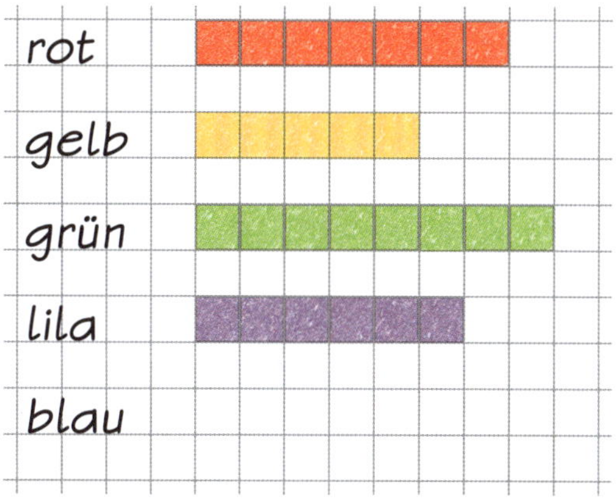

a) Trage die angegebenen Anzahlen der Luftballons in die Tabelle ein.

rote Luft-ballons	gelbe Luft-ballons	grüne Luft-ballons	lila Luft-ballons	blaue Luft-ballons

b) Zeichne den Balken für die blauen Luftballons.
Trage die Anzahl in die Tabelle ein.

3 Beim Grillen haben 10 Kinder je ein Würstchen gegessen.
2 Kinder haben sogar 2 Würstchen geschafft.
3 Kinder haben sich für einen Fleischspieß entschieden.
4 Kinder haben eine Grillkartoffel gegessen.
2 Kinder haben sich eine Kartoffel geteilt.
Außerdem wurden 3 Maiskolben und 4 Gemüsespieße verspeist.

Trage die Anzahlen in die Tabelle ein und erstelle ein passendes Balkendiagramm.

Würstchen	
Fleischspieß	
Grillkartoffel	
Maiskolben	
Gemüsespieß	

4 Lena hat 8 Jungen und 4 Mädchen aus ihrer Klasse nicht zu ihrem Geburtstag eingeladen.
Wie viele Jungen und Mädchen gibt es insgesamt in Lenas Klasse?
Erstelle eine Strichliste.

Jungen	Mädchen

1–3 Für jedes Kind, jeden Luftballon oder jede Essensportion ein Kästchen zeichnen

1 >, < oder = ?

a)			b)			c)			d)		
35 + 3	○	37	27 − 4	○	25	17	○	15 + 3	50	○	40 − 20
40 + 10	○	50	56 − 3	○	52	48	○	44 + 4	76	○	78 − 4
68 + 1	○	60	74 − 1	○	72	39	○	31 + 6	25	○	25 − 5
22 + 7	○	25	98 − 8	○	90	84	○	80 + 5	90	○	100 − 9

2 >, < oder = ?

a)			b)			c)		
30 + 40	○	40 + 30	70 − 50	○	28 − 6	50 + 30	○	100 − 30
56 + 3	○	20 + 30	78 − 4	○	80 − 10	77 − 5	○	71 + 3
40 + 40	○	42 + 8	39 − 9	○	90 − 60	86 + 3	○	89 − 0
67 + 2	○	30 + 50	50 − 20	○	38 − 5	49 − 4	○	42 + 5

3

a)
[ ]
[ ] [ ]
[30] [3] [4]

b)
[ ]
[ ] [ ]
[4] [2] [61]

c)
[78]
[4] [ ]
[4] [ ] [ ]

d)
[ ]
[56] [3]
[ ] [2] [ ]

e)
[ ]
[ ] [ ]
[31] [3] [2]

f)
[ ]
[20] [60]
[ ] [20] [ ]

g)
[74]
[2] [ ]
[1] [ ] [ ]

h)
[59]
[ ] [ ]
[51] [ ] [4]

4 Bilde verschiedene Plusaufgaben.

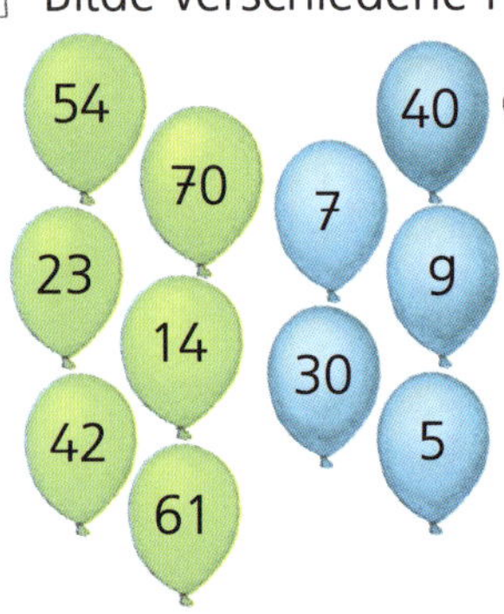

a) 54 + 7 = ___
___ + ___ = ___
___ + ___ = ___
___ + ___ = ___
___ + ___ = ___

b) ___ + ___ = ___
___ + ___ = ___
___ + ___ = ___
___ + ___ = ___
___ + ___ = ___

c) ___ + ___ = ___
___ + ___ = ___
___ + ___ = ___
___ + ___ = ___
___ + ___ = ___

5 Bilde verschiedene Minusaufgaben.

a) ___ − ___ = ___
___ − ___ = ___
___ − ___ = ___
___ − ___ = ___
___ − ___ = ___

b) ___ − ___ = ___
___ − ___ = ___
___ − ___ = ___
___ − ___ = ___
___ − ___ = ___

c) ___ − ___ = ___
___ − ___ = ___
___ − ___ = ___
___ − ___ = ___
___ − ___ = ___

1 Welcher Tag war gestern? Welcher Tag ist in drei Tagen?

	gestern	heute	in 3 Tagen
a)	Sonntag	Montag	
b)		Mittwoch	
c)		Freitag	
d)		Sonntag	
e)		Samstag	
f)		Donnerstag	

2 Schreibe das Datum der eingekreisten Tage im Kalender auf zwei Arten.

1. Januar 2018, 01. 01. 2018

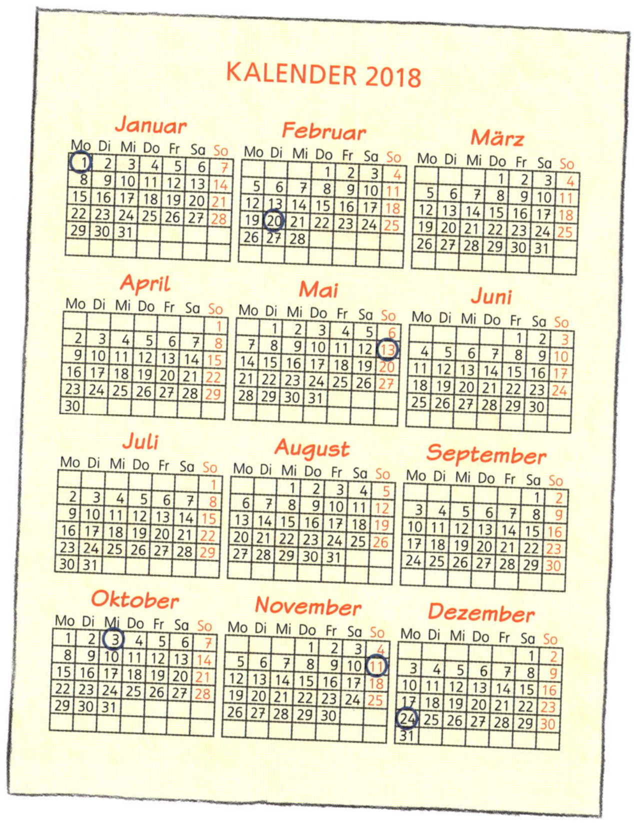

3 Auf welchen Wochentag fallen die folgenden Tage im Jahr 2018?

a) 19. April ____

2. September ____

14. März ____

b) 01.05. ____

26.01. ____

30.07. ____

4 a) In welchen Monaten gibt es 2018 nur vier Sonntage?

Januar,

b) In welchen Monaten gibt es 2018 fünf Sonntage?

c) Schreibe die Daten der Sonntage im Oktober auf.

07. 10. 2018,

1 Welche Zahlen verstecken sich unter den Bildern?

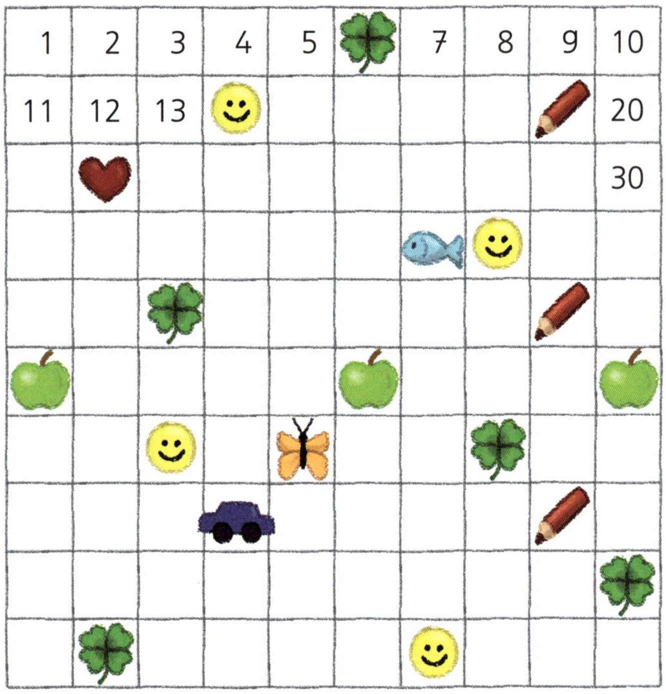

2 Trage diese Zahlen ein:

a) in Blau: 35, 55, 85, 95 b) in Rot: 81, 84, 86, 89 c) in Grün: 27, 50, 61, 100

3 Wie heißen die fehlenden Zahlen?

a)
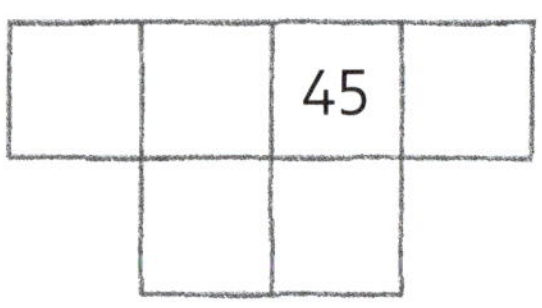

b)
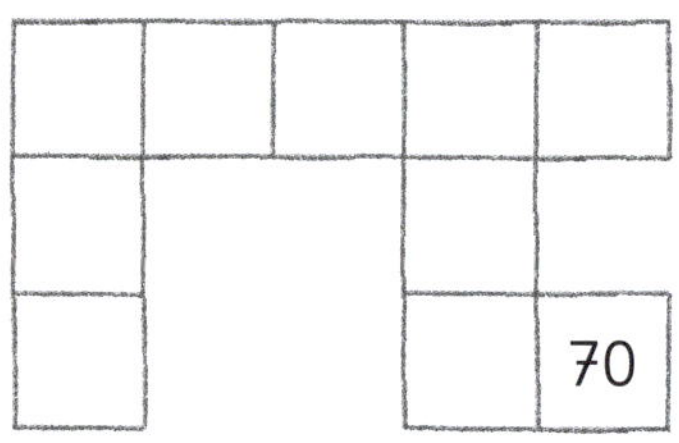

c)

d)
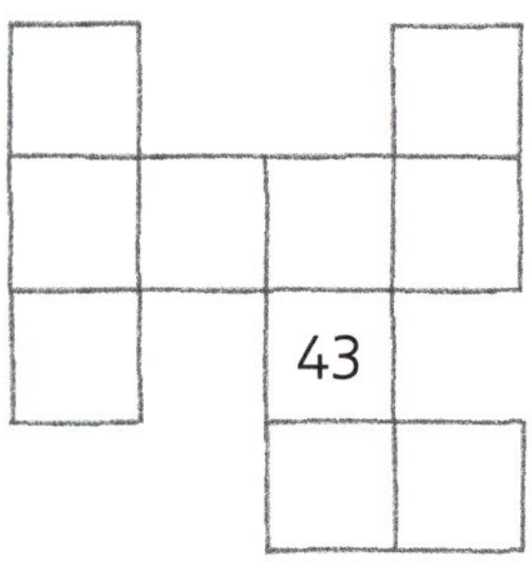

e)
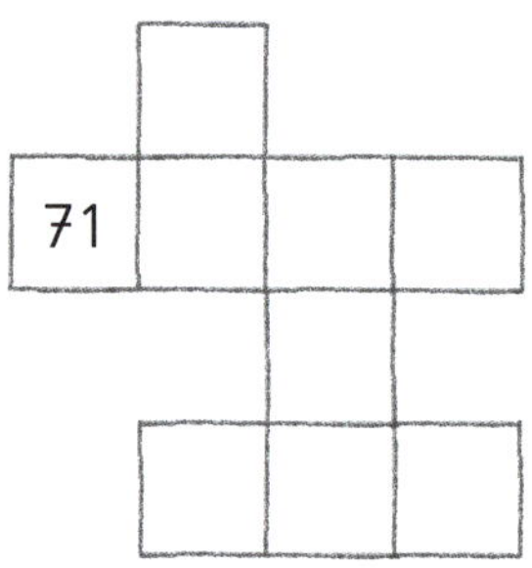

f)
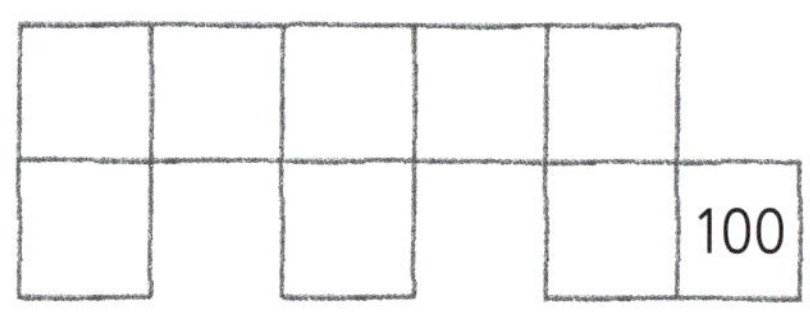

g)
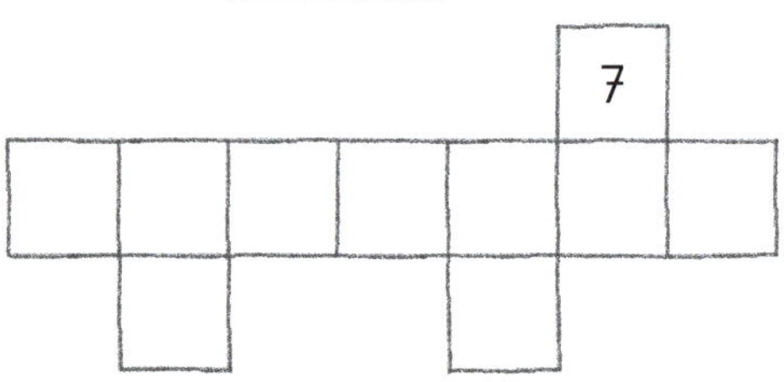

4 Wo kommst du an? Wo gehst du los?

a)

83	↑ → → ↑	
25	← ↓ ← ←	
100	← ← ↑ ↑	

b)

6	↓ ↓ ↓ →	
71	→ ↑ ← ↑	
35	→ → ↓ ← ↓	

c)

	← ← ↓ → ↓	99
	← ↑ ↑ ←	1
	↑ ↓ ↓ → ←	55

1 a)

+	40	20	50
43			
27			
36			

b)

+	30	10	40
58			
12			
45			

c)

+	50		
24			44
39		69	
41			

2 a) 62 + 30 = ___
40 + 48 = ___
50 + 17 = ___

b) 20 + 51 = ___
35 + 40 = ___
63 + 20 = ___

c) 43 + ___ = 73
58 + ___ = 68
24 + ___ = 94

d) 31 + ___ = 81
15 + ___ = 95
66 + ___ = 86

3 a)

−	20	30	40
69			
83			
46			

b)

−		30	
87			47
93	83		
55			

c)

−	10	20	
70			10
86			
	57		

d)

−	30		40
62			
88		28	
			54

e)

−		50	
83	43		
67			
75			15

f)

−			
46	26		
79		69	
81			51

4 a) 77 − 30 = ___
56 − 20 = ___
95 − 60 = ___

b) 63 − 40 = ___
82 − 70 = ___
93 − 50 = ___

c) 62 − ___ = 22
88 − ___ = 8
51 − ___ = 11

d) 76 − ___ = 56
95 − ___ = 5
69 − ___ = 49

5 a)
41 + 50 = ___
41 + 40 = ___
___ + ___ = ___
___ + ___ = ___
41 + 10 = ___

b)
64 − 20 = ___
64 − 30 = ___
___ − ___ = ___
___ − ___ = ___
64 − 60 = ___

c)
27 − 20 = ___
37 − 20 = ___
___ − ___ = ___
___ − ___ = ___
67 − 20 = ___

6 Jasin hat 63 Sammelkarten.
Er schenkt Alexander 20 Karten.

Wie viele Karten hat Jasin noch?

L:

A: ______________________________

1 a)

+	3	4	5	6	7	8
49						
78	81					

b)

+	8		9	4		6
73		78				
86					93	

c)

+	2	8	5	7		9
27					33	
		66				

d)

+	6		9	4	7	
39		42				44
				92		

2 Manchmal hilft dir die Tauschaufgabe.

a)	b)	c)	d)
8 + 25 =	6 + 73 =	9 + 48 =	27 + 4 =
67 + 4 =	5 + 56 =	67 + 3 =	7 + 38 =
36 + 7 =	47 + 8 =	5 + 26 =	9 + 45 =
9 + 54 =	4 + 69 =	8 + 77 =	56 + 6 =

3 Setze die Zahlenfolgen fort.

a) 16 (+8) ☐ (+8) ☐ (+8) ☐ ☐ ☐ ☐ ☐ 80

b) 12 (+6) ☐ (+6) ☐ (+6) ☐ ☐ ☐ ☐ ☐ 60

c) 35 (+7) ☐ (+7) ☐ (+7) ☐ ☐ ☐ ☐ ☐ 91

d) 17 ☐ ☐ ☐ ☐ ☐ ☐ ☐ 57

4 In Annas Bücherregal stehen 48 Bücher. Sie bekommt zum Geburtstag 7 neue Bücher geschenkt.

a) Wie viele Bücher hat Anna jetzt?

L:

A: ______________________________

b) Wie viele Bücher müsste sie sich aus der Bücherei ausleihen, damit 61 Bücher in ihrem Regal stehen?

L:

A: ______________________________

1

a) 47 − 9 = ___
63 − 6 = ___
88 − 7 = ___

b) 23 − 5 = ___
67 − 8 = ___
82 − 3 = ___

c) 36 − 8 = ___
83 − 4 = ___
45 − 9 = ___

d) 63 − 8 = ___
22 − 8 = ___
49 − 7 = ___

2

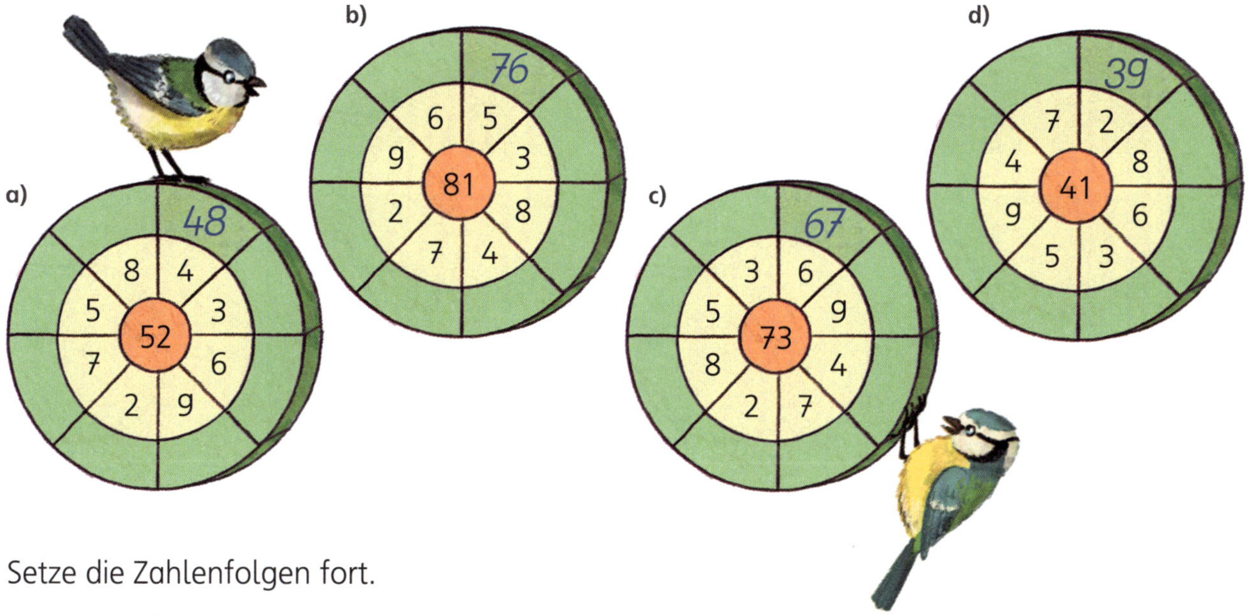

3 Setze die Zahlenfolgen fort.

a) 74 →(−6)→ ___ →(−6)→ ___ →(−6)→ ___ → ___ → ___ → ___ → ___ → 26

b) 81 →(−7)→ ___ →(−8)→ ___ →(−7)→ ___ → ___ → ___ → ___ → ___ → 21

4

a)

−	3	4	5	6	7	8
			38			
71						

b)

−	8			6	4	7
56		51				
92			83			

c)

−	3		7		8	4
73		68				
41				32		

d)

−		6	3	5		7
54	46					
			79		78	

5 Finde die Aufgabenfamilie.

a) 38 5 43

38 + 5 = ___
5 + ___ = ___
___ − 5 = ___
___ − ___ = 5

b) 29 8 ___

29 + 8 = ___
___ + ___ = ___
___ − ___ = ___
___ − ___ = ___

c) ___ ___ ___

___ + ___ = ___
___ + ___ = ___
___ − ___ = ___
___ − ___ = ___

1 Ordnet jedem Bild die passende Uhrzeit zu.
Kreist sie ein und zeichnet die Zeiger ein.

a) 
23 Uhr | 12 Uhr
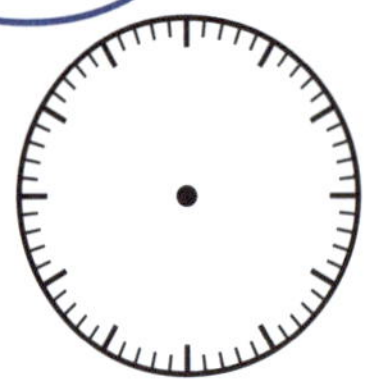

b) 
9 Uhr | 19 Uhr
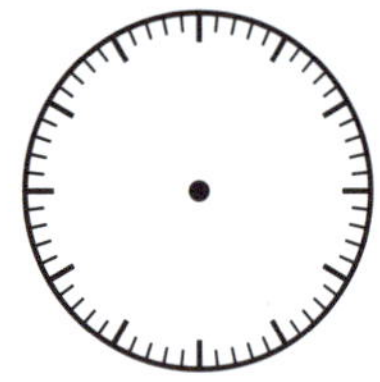

c) 
8 Uhr | 17 Uhr
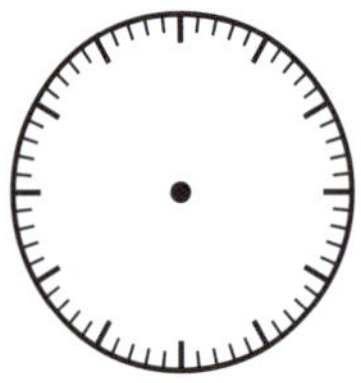

d) 
7 Uhr | 3 Uhr
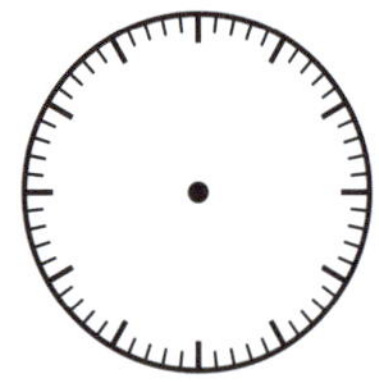

e) 
18 Uhr | 6 Uhr
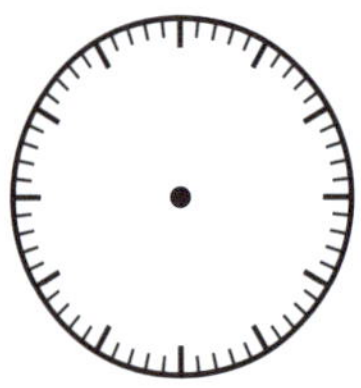

f) 
16 Uhr | 21 Uhr
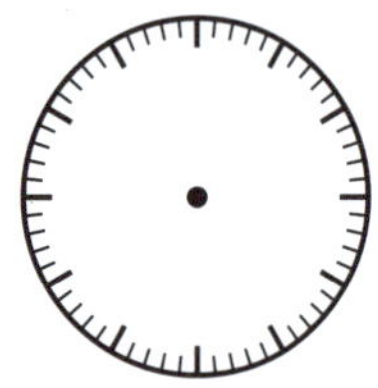

g) 
21 Uhr | 15 Uhr
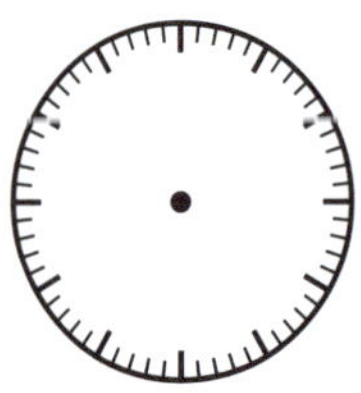

h)
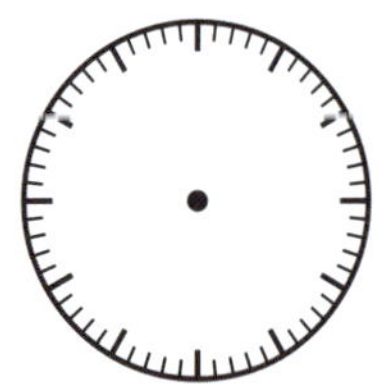

2 Schreibe zu jeder Uhr beide Uhrzeiten auf.

a) 
Uhr
Uhr

b) 
Uhr
Uhr

c) 
Uhr
Uhr

d) 
Uhr
Uhr

e) 
Uhr
Uhr

f) 
Uhr
Uhr

g) 
Uhr
Uhr

h) 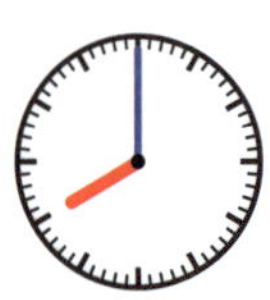
Uhr
Uhr

i) 
Uhr
Uhr

j) 
Uhr
/ Uhr

1 Was ist richtig? Kreuze an.

a) 
☐ 8 Uhr
☐ 20 Uhr
abends

b) 
☐ 15 Uhr
☐ 3 Uhr
nachts

c) 
☐ 11 Uhr
☐ 23 Uhr
vormittags

d) 
☐ 19 Uhr
☐ 7 Uhr
morgens

e) 
☐ 1 Uhr
☐ 13 Uhr
mittags

f) 
☐ 4 Uhr
☐ 16 Uhr
nachmittags

2 Wie lange dauert es?

a) ☐ Stunden
14 Uhr → 18 Uhr

b) ☐ Stunden
7 Uhr → 12 Uhr

c) 7 Stunden
11 Uhr → ☐ Uhr

d) 5 Stunden
22 Uhr → ☐ Uhr

e) 3 Stunden
☐ Uhr → ☐ Uhr

f) ☐ Stunden
18 Uhr → 17 Uhr

3 a) Jonas geht um 15 Uhr zum Skaten und kommt um 17 Uhr vom Skateplatz zurück.

Wie lange war er weg?

L:

A: ______________________________

____

____

b) Familie Müller macht einen Ausflug. Sie fahren um 10 Uhr los. Nach 7 Stunden kommen sie nach Hause.

Um wie viel Uhr kommen sie zurück?

L:

A: ______________________________

____

____

 zu den Schülerbuchseiten 53, 54

1 Rechne am Rechenstrich.

a) 66 + 27 = ___

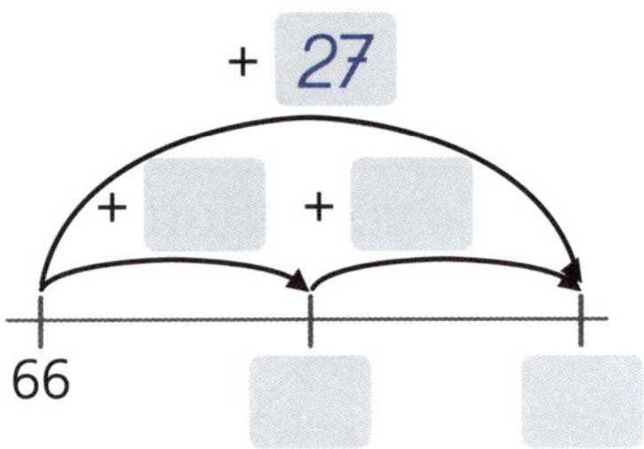

b) 39 + 54 = ___

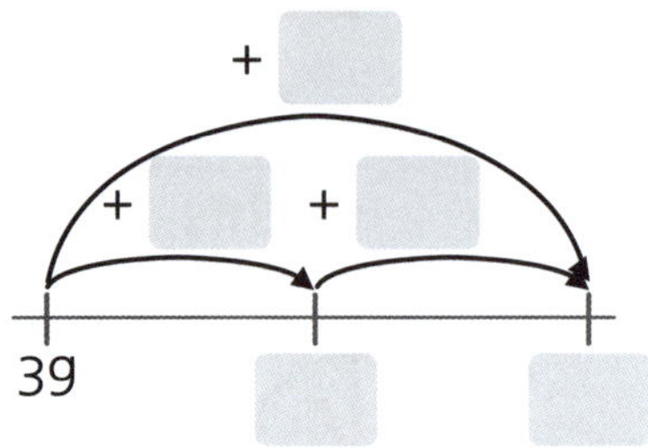

c) 47 + 18 = ___

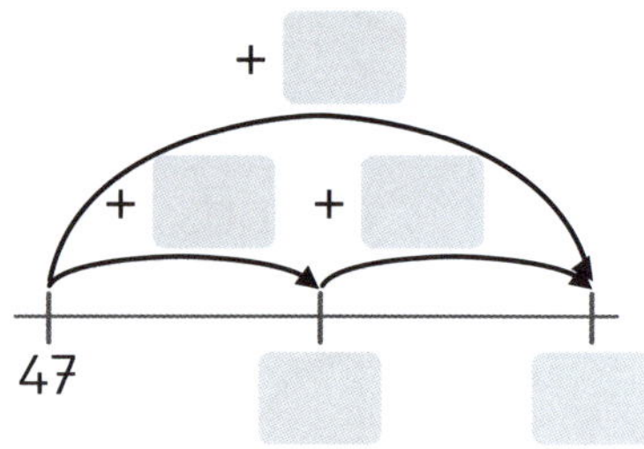

2 Rechne wie Jannick oder Alois.

a) 37 + 26 =
37 + ___ = ___
___ + ___ = ___

b) 24 + 58 =
24 + ___ = ___
___ + ___ = ___

c) 45 + 39 =
___ + ___ = ___
___ + ___ = ___

3 Wie rechnest du?

a) 27 + 38 =

b) 56 + 29 =

c) 35 + 47 =

d) 15 + 67 =

e) 48 + 23 =

f) 29 + 59 =

4 Die Geschwister Lisa, Nils und Björn haben Spielsachen und Bücher auf dem Flohmarkt verkauft. Lisa hat 46 € eingenommen, Nils 28 € und Björn 17 €.

a) F: ___

L: ___

A: Die Jungen haben zusammen weniger Geld als Lisa eingenommen.

b) F: ___

L: 46 € + 28 € =
74 € + 17 € =

A: ___

1 a) b) c) d) e) f) g)

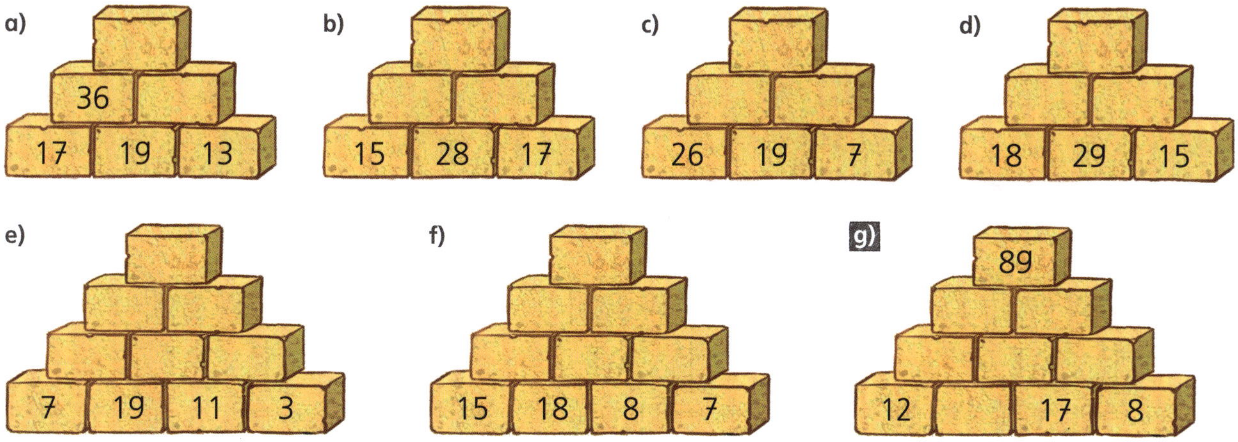

2 a) b) c) d) e) f) g) h)

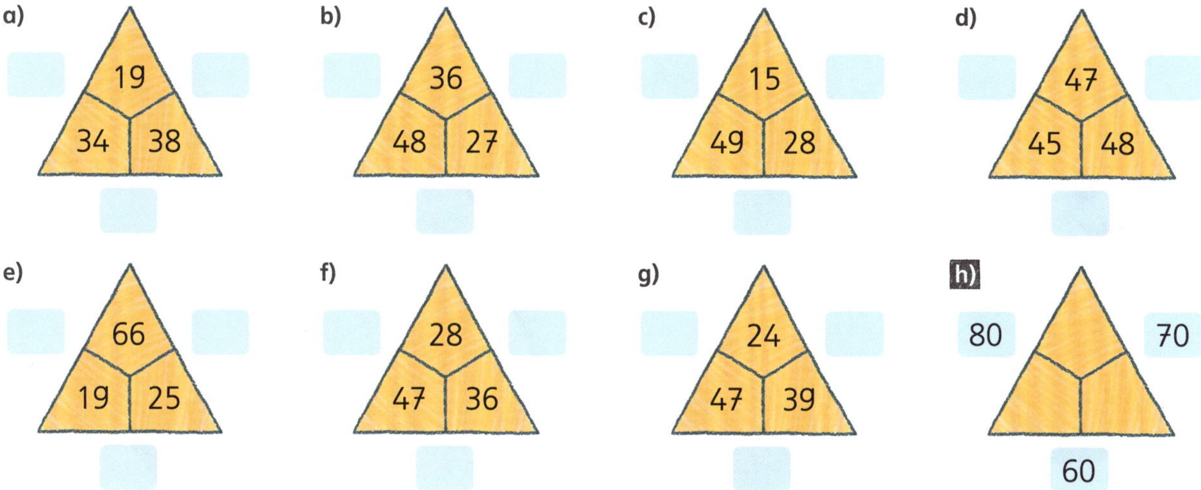

3

a)

38 + 18 = ___
39 + 19 = ___
___ + ___ = ___
___ + ___ = ___
___ + ___ = ___
___ + ___ = ___
44 + 24 = ___

b)

13 + 78 = ___
14 + 67 = ___
___ + ___ = ___
___ + ___ = ___
___ + ___ = ___
___ + ___ = ___
19 + 12 = ___

c)

36 + 51 = ___
___ + ___ = ___
___ + ___ = ___
___ + ___ = ___
___ + ___ = ___
___ + ___ = ___
60 + 21 = ___

4 Leo hat 38 € gespart und bekommt von seiner Oma zum Geburtstag 15 € geschenkt.
Kann Leo sich davon einen Spielzeugtraktor mit Anhänger für 52 € kaufen?

L:

A: ______________________________

Quader | Würfel | Kugel | Zylinder | Pyramide | Kegel

1 Schreibe die passende Körperform zu den Gegenständen.

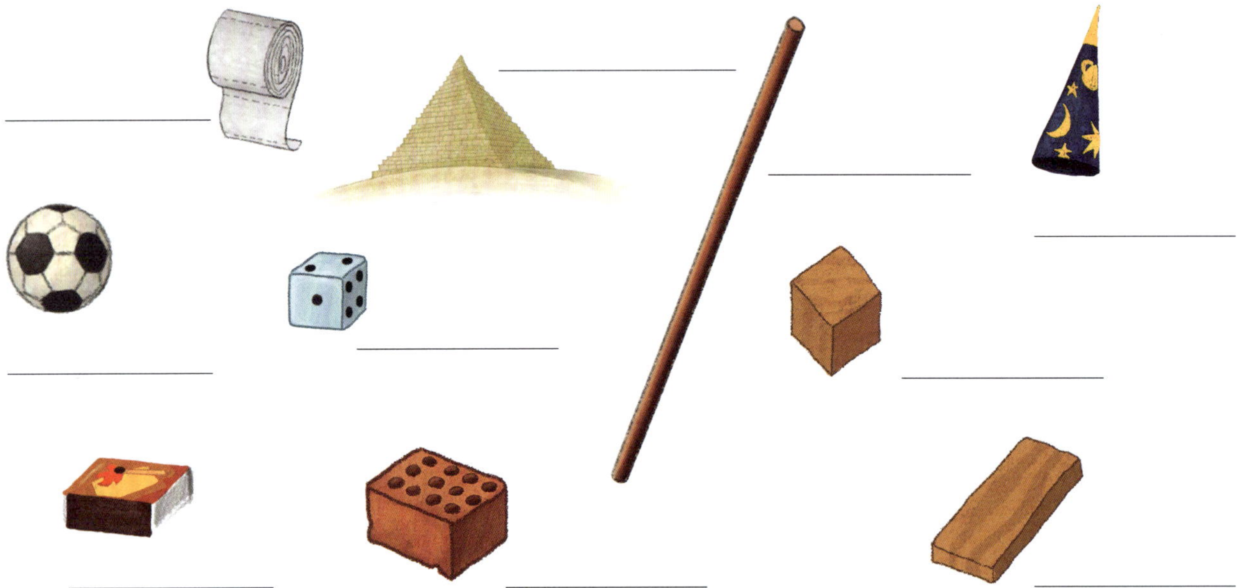

2 Welche Flächenformen kannst du an den Körpern finden? Verbinde.

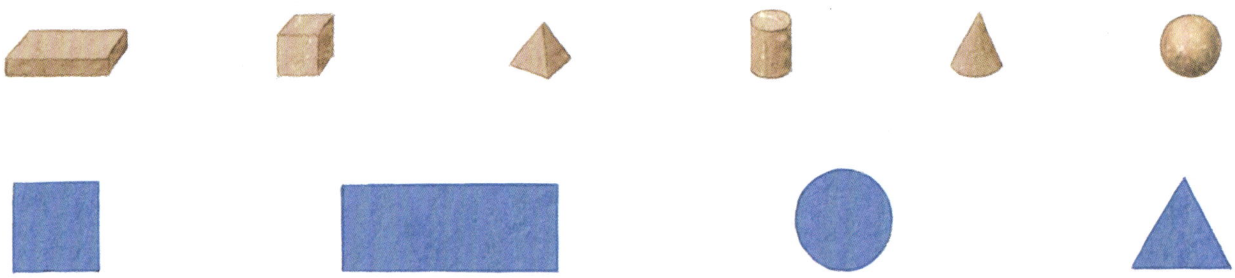

3 Aus wie vielen Steckwürfeln bestehen die Körper?
Wie viele Steckwürfel fehlen noch, damit ein großer Würfel entsteht?

A

___ Steckwürfel

___ Steckwürfel fehlen.

B

___ Steckwürfel

___ Steckwürfel fehlen.

C

___ Steckwürfel

___ Steckwürfel fehlen.

1 Baut aus höchstens 18 Steckwürfeln

a) möglichst viele verschiedene Würfel.

Wir haben ______ verschiedene Würfel gebaut.

b) möglichst viele verschiedene Quader.

Wir haben ______ verschiedene Quader gebaut.

2 Welcher Körper ist es?

a) Der Körper hat 2 kreisförmige Seitenflächen. Er kann rollen, aber auch fest stehen.

____

b) Der Körper hat 8 Ecken und 12 Kanten. Seine Seitenflächen sind quadratisch.

____

c) Der Körper hat 9 Kanten. Er hat 2 dreieckige und 3 rechteckige Seitenflächen.

____

3 Schreibe zu jeder Aussage die passenden Körper, auf die die Aussage zutrifft.

Der Körper kann rollen.

____

Der Körper hat Ecken und Kanten.

____

Der Körper kann kippen.

____

Der Körper hat keine Ecken.

____

4 Was passt? Setze ein.

Der ______________ steht links neben dem

______________.

Auf dem ______________ steht das

______________.

Eine ______________ ist auf dem Bild

nicht zu sehen.

Unter dem ______________ steht der

______________.

zu den Schülerbuchseiten 58, 59

1 Aus jeder Klasse springen schon einige Kinder vom 1-Meter-Brett.
Ein paar Kinder trauen sich sogar vom 3-Meter-Brett zu springen.

1-Meter-Brett		
Klasse	Mädchen	Jungen
2a	6	8
2b	3	9
2c	9	5
2d	7	7

3-Meter-Brett		
Klasse	Mädchen	Jungen
2a	–	2
2b	2	4
2c	1	1
2d	5	6

a) Wie viele Kinder können schon vom 1-Meter-Brett springen?

L:

A: ______________________________

____

b) Wie viele Kinder können schon vom 3-Meter-Brett springen?

L:

A: ______________________________

____

2 Rechne geschickt.

a)
23 + 8 + 7 =
14 + 26 + 35 =
8 + 6 + 44 =

b)
5 + 12 + 5 + 12 =
23 + 23 + 17 + 17 =
21 + 38 + 2 + 9 =

c)
2 + 3 + 4 + 5 + 6 =
22 + 6 + 13 + 7 + 18 =
8 + 8 + 4 + 4 + 12 =

3 Auf einen Meter Trennleine passen 6 rote Plastikkugeln.
Wie viele Kugeln passen auf 9 Meter Trennleine?

L:

A: ______________________________

4

a)
7 + 7 + 7 =
3 + 3 + 3 =
12 + 12 + 12 =

b)
4 + 4 + 4 + 4 =
13 + 13 + 13 + 13 =
22 + 22 + 22 + 22 =

c)
8 + 8 + 8 + 8 + 8 =
16 + 16 + 16 + 16 + 16 =
10 + 10 + 10 + 10 + 10 =

1 Schreibe zu jedem Bild die passende Malaufgabe.

a) 

___ · ___ = ___

b) 

___ · ___ = ___

c) 

___ · ___ = ___

2 Male zu jeder Aufgabe ein passendes Punktebild und rechne.

a) 

6 · 5 = ___

b) 

4 · 8 = ___

c) 

7 · 6 = ___

d) 

9 · 4 = ___

3 Schreibe zu jedem Bild die passende Plus- und Malaufgabe.

a) 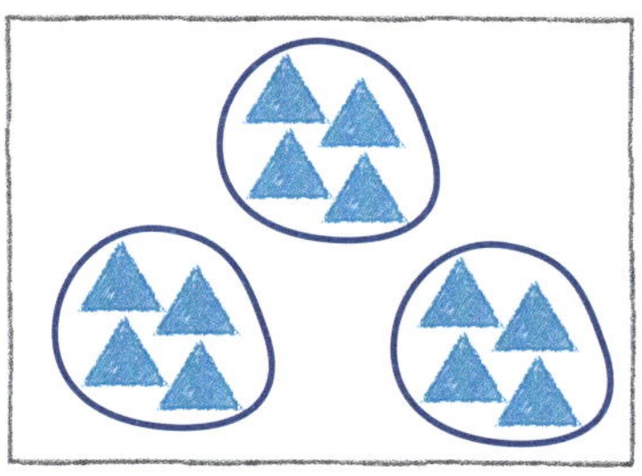

___

___ · ___ = ___

b) 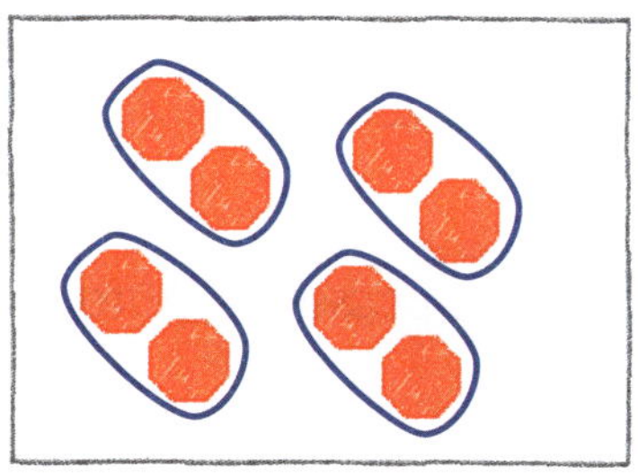

___

___ · ___ = ___

c) 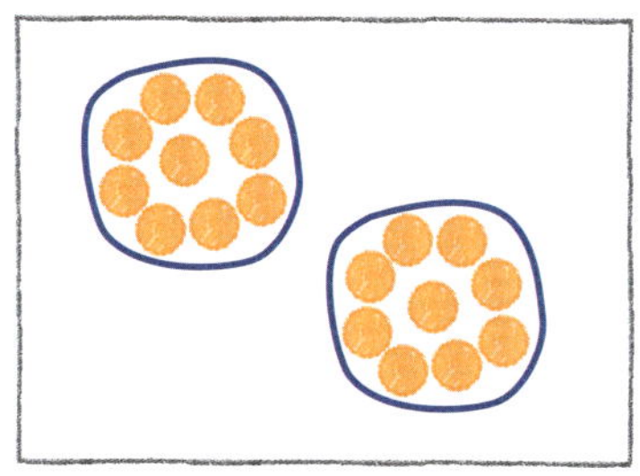

___

___ · ___ = ___

4 Was passt zusammen? Verbinde.

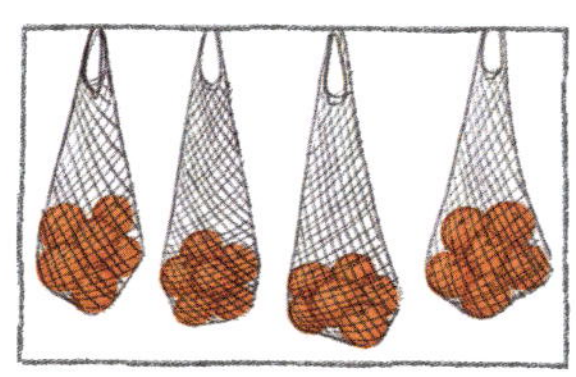

3 mal 4
ist gleich 12

6 + 6 + 6 + 6 = 24

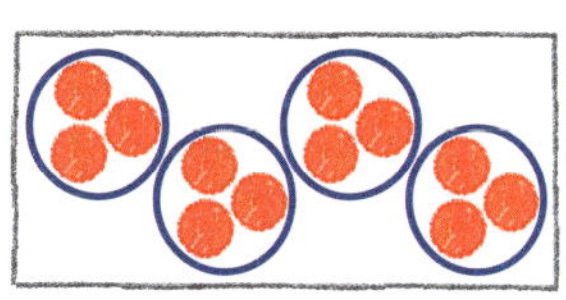

6 · 3 = 18

1 Zeichne zu jeder Aufgabe ein passendes Punktebild.

a) $3 \cdot 2 =$ ___

b) $8 \cdot 2 =$ ___

c) $4 \cdot 2 =$ ___

d) $7 \cdot 2 =$ ___

e) $5 \cdot 2 =$ ___

f) $2 \cdot 2 =$ ___

2 a)

Kinder	1	4			8		9		2	
Hände	2		10	14		6		20		12

b)

Füße	1		8		7		5	10		9
Zehen	5	15		10		30			20	

3 Finde zu jedem Zahlenkärtchen das passende Aufgabenkärtchen.
Wie heißt das Lösungswort?

30, 20, 45, 40, 5, 10, 55, ~~25~~, 0, 50, 15

~~5 · 5~~ F | 1 · 5 F | 4 · 5 R | 9 · 5 E | 11 · 5 R | 2 · 5 N | 10 · 5 H | 0 · 5 E | 8 · 5 E | 3 · 5 I | 6 · 5 Ü

F										

4 a) $6 \cdot 2 =$ ___
$2 \cdot 5 =$ ___
$8 \cdot 5 =$ ___
$4 \cdot 2 =$ ___

b) $8 \cdot 2 =$ ___
$4 \cdot 5 =$ ___
$3 \cdot 2 =$ ___
$9 \cdot 5 =$ ___

c) ___ $\cdot 5 = 35$
___ $\cdot 2 = 10$
___ $\cdot 5 = 50$
___ $\cdot 2 = 14$

d) $40 =$ ___ $\cdot$ ___
$18 =$ ___ $\cdot$ ___
$30 =$ ___ $\cdot$ ___
$2 =$ ___ $\cdot$ ___

1 Lege den Betrag erst mit 5- und dann mit 10-Cent-Münzen. Zeichne deine Lösung ein.

a)
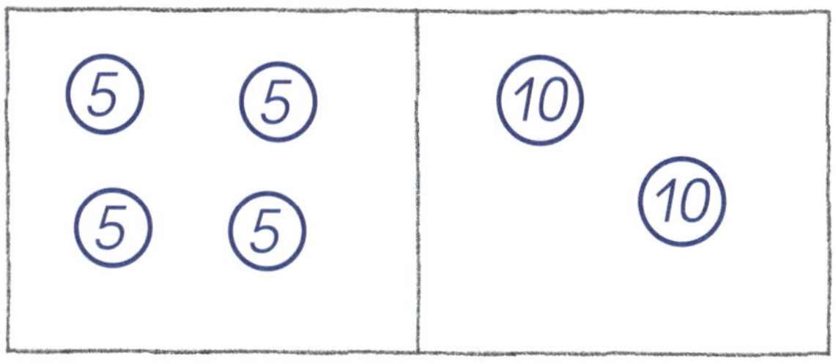

20 ct = ☐ · 5 ct   20 ct = ☐ · 10 ct

b) 50 ct = ☐ · 5 ct   50 ct = ☐ · 10 ct

c) 30 ct = ☐ · 5 ct   30 ct = ☐ · 10 ct

d) 60 ct = ☐ · 5 ct   60 ct = ☐ · 10 ct

2 Setze fort bis zur Zahl 80.

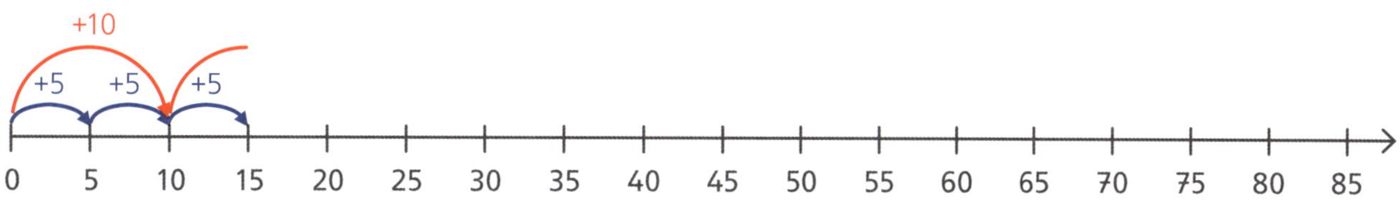

3

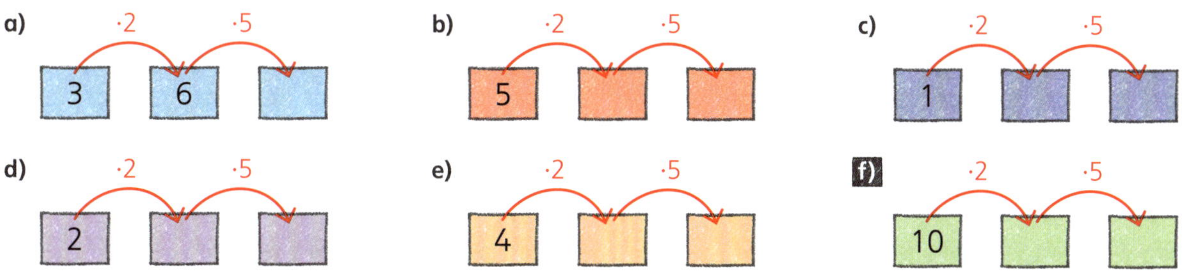

4

a)	b)	c)	d)
3 · 5 = ☐	7 · 5 = ☐	4 · 5 = ☐	10 · 5 = ☐
3 · 10 = ☐	7 · 10 = ☐	4 · 10 = ☐	10 · 10 = ☐
5 · 5 = ☐	9 · 5 = ☐	6 · 5 = ☐	2 · 5 = ☐
5 · 10 = ☐	9 · 10 = ☐	6 · 10 = ☐	2 · 10 = ☐

5 Welche Malaufgabe mit 5 hat dasselbe Ergebnis?

a)	b)	c)	d)
3 · 10 = ☐	5 · 10 = ☐	6 · 10 = ☐	8 · 10 = ☐
☐ · 5 = ☐	☐ · 5 = ☐	☐ · 5 = ☐	☐ · 5 = ☐

1 Zeichne zu jeder Quadrataufgabe aus dem Kleinen 1x1 ein passendes Quadrat.

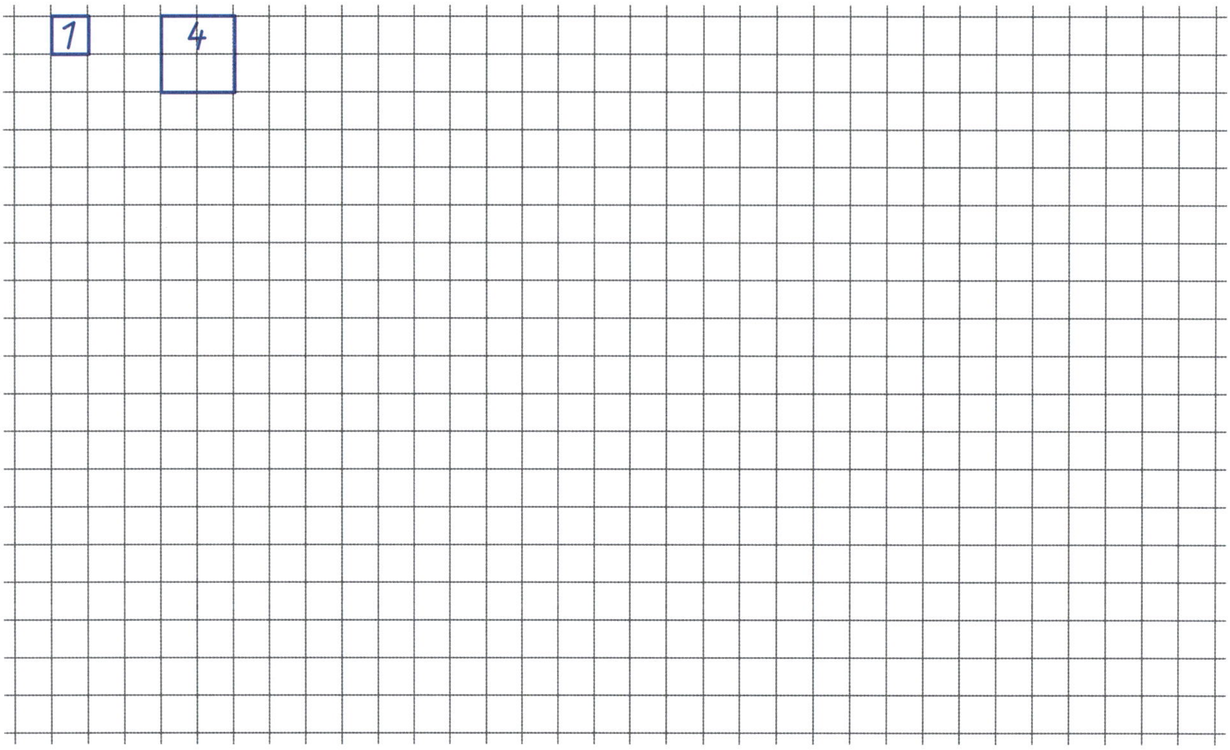

2 Fügt immer zwei Punktebilder zu einer Quadrataufgabe zusammen.
Ordnet zu und schreibt die passende Aufgabe mit Ergebnis auf.

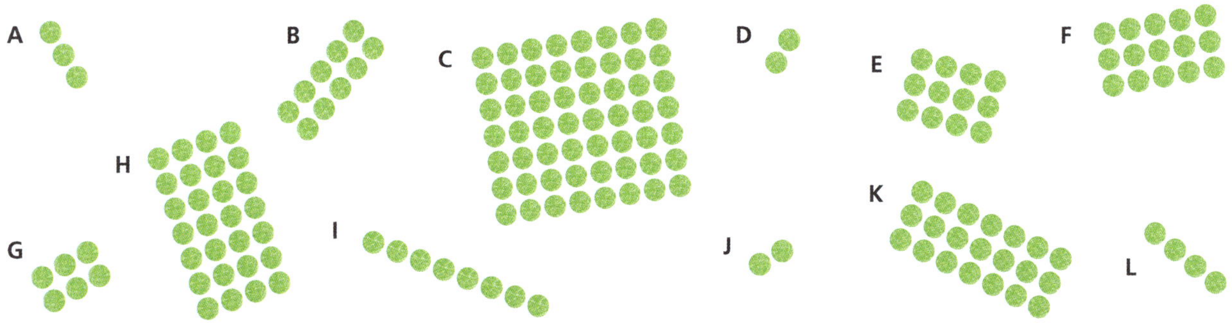

A und G	3 · 3 = 9		· =
	· =		· =
	· =		· =

3 Schreibt zu jeder Quadrataufgabe die vier Nachbaraufgaben und rechnet.

a)	b)	c)	d)
4 · 4 =	8 · 8 =	6 · 6 =	7 · 7 =
3 · 4 =	· =	· =	· =
5 · 4 =	· =	· =	· =
4 · 3 =	· =	· =	· =
4 · 5 =	· =	· =	· =

1 Schreibe zu jedem Punktebild eine Malaufgabe und die dazugehörige Tauschaufgabe.

a) 

___ · ___ = ___
___ · ___ = ___

b) 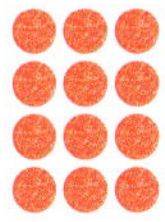

___ · ___ = ___
___ · ___ = ___

c) 

___ · ___ = ___
___ · ___ = ___

d) 

___ · ___ = ___
___ · ___ = ___

2 Zeichne eigene Punktebilder. Schreibe zu jedem Punktebild die Malaufgabe und die dazugehörige Tauschaufgabe.

___ · ___ = ___
___ · ___ = ___

3 Immer drei Kärtchen gehören zusammen. Färbe zusammengehörige Kärtchen in der gleichen Farbe.

8 · 7 | 48 | 1 · 9 | 6 · 8 | 3 · 4 | 9 · 1

4 · 3 | 9 · 2 | 9 | 18 | 2 · 9 | 6 · 5

8 · 6 | 30 | 7 · 8 | 5 · 6 | 56 | 12

4 Rechne. Manchmal hilft dir die Tauschaufgabe. Kontrolliere mit dem Kopfrechentrainer.

a) 6 · 2 = ___
5 · 7 = ___
4 · 10 = ___
2 · 9 = ___

b) 8 · 5 = ___
2 · 4 = ___
10 · 9 = ___
9 · 10 = ___

c) 3 · 2 = ___
6 · 10 = ___
5 · 4 = ___
7 · 7 = ___

d) 8 · 1 = ___
2 · 8 = ___
8 · 10 = ___
5 · 8 = ___

1 Zeichne die Figuren ohne Lineal ab.

a)

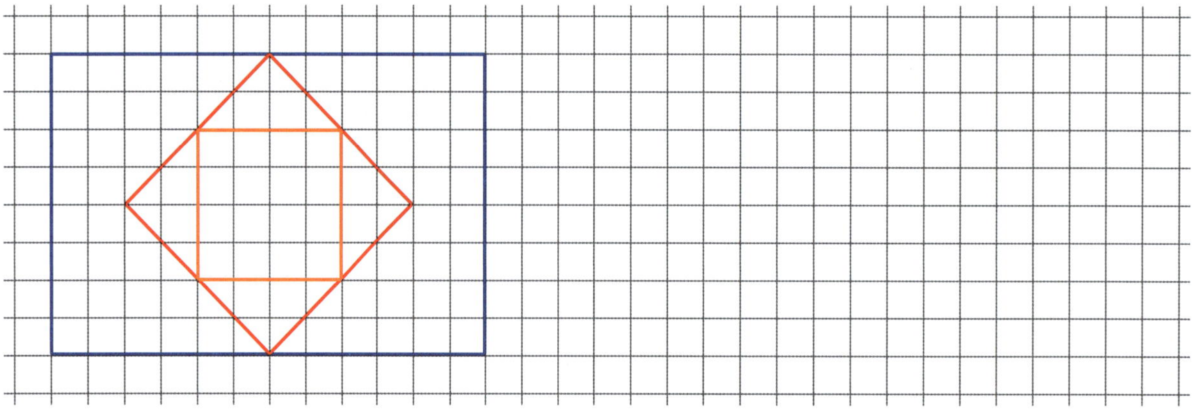

b)

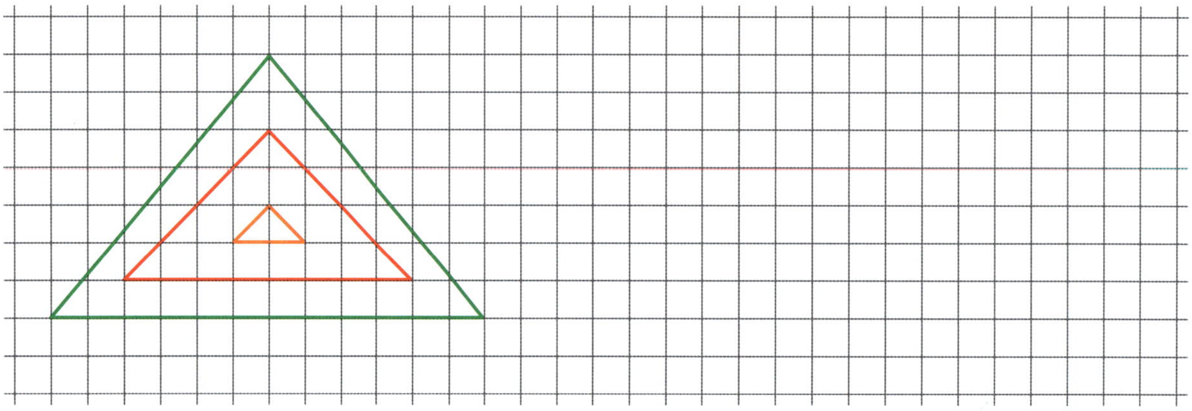

2 Setze die Muster fort. Zeichne ohne Hilfsmittel.

a)

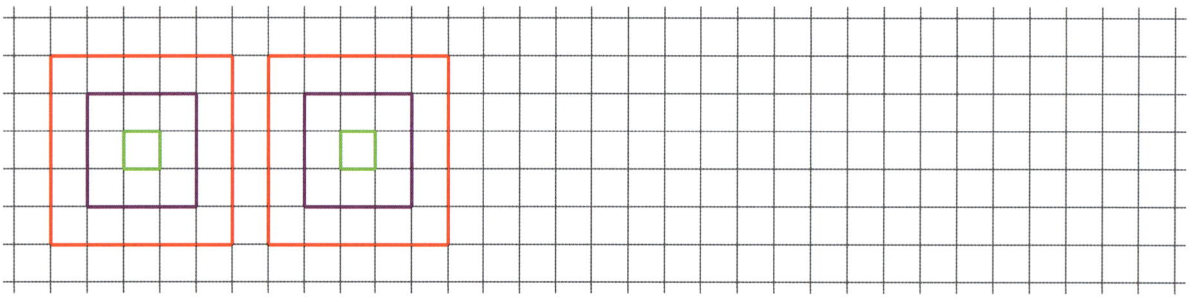

b)

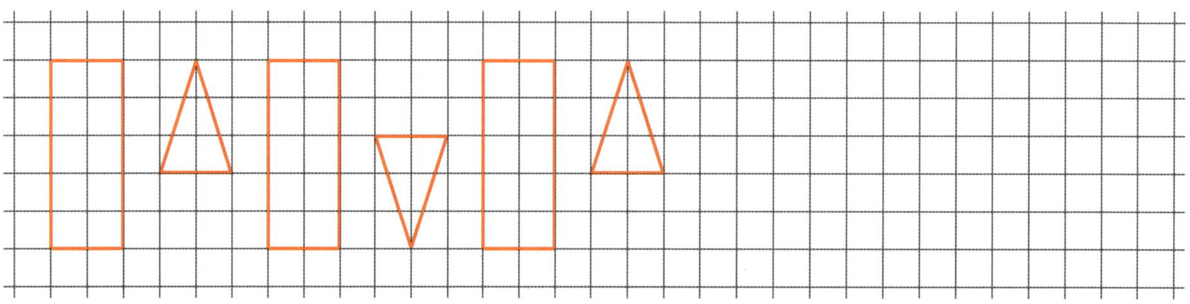

c)

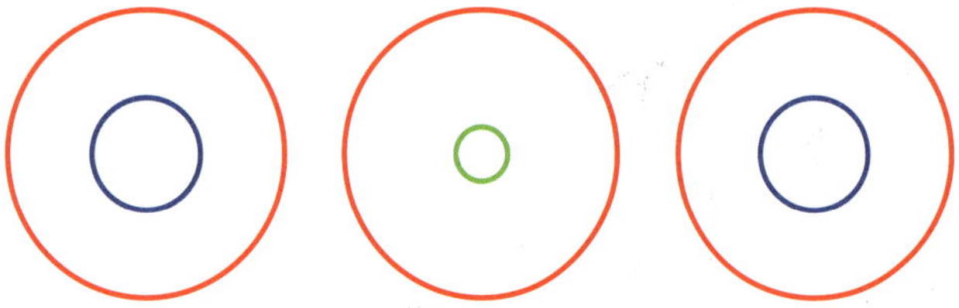

1 Baue die Würfelgebäude nach.
Zeichne zu jedem Würfelgebäude die Vorderansicht und die beiden Seitenansichten.

a)

Ansicht von vorne

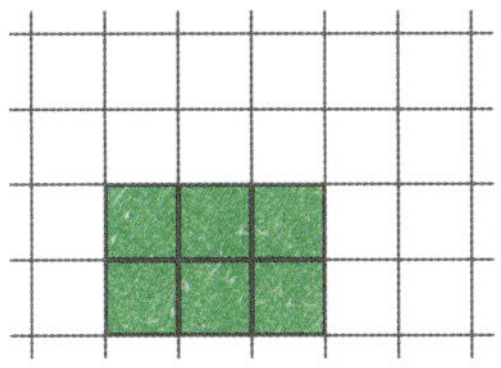

Ansicht von links

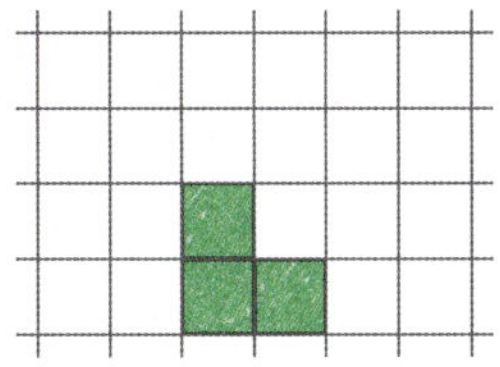

Ansicht von rechts

b)

Ansicht von vorne

Ansicht von links

Ansicht von rechts

c)

Ansicht von vorne

Ansicht von links

Ansicht von rechts

2 Wie sieht die Spielanlage aus der Sicht der vier Kinder aus?
Schreibe zu jeder Ansicht den passenden Namen.

zu den Schülerbuchseiten 72, 73

1 Rechne wie Rosi oder Timo.

a) 51 − 34 =

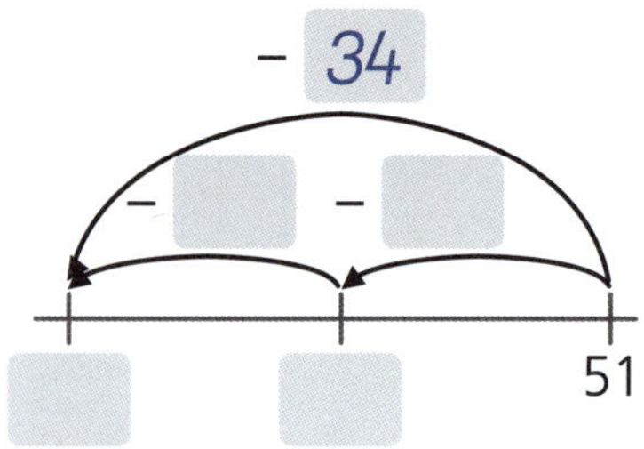

b) 83 − 56 =

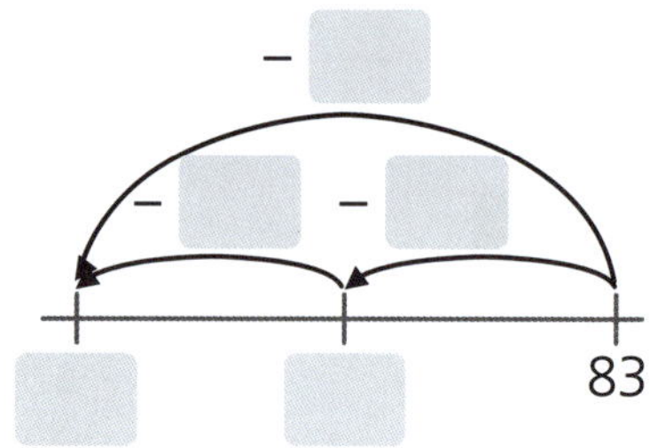

c) 74 − 28 =

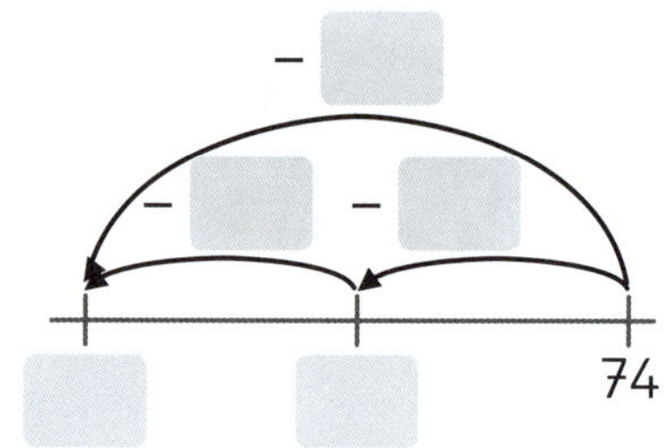

2 Rechne wie Rahima oder Hannes.

a)
6 4 − 2 7 =
6 4 − =
− =

b)
8 2 − 6 5 =
8 2 − =
− =

c)
4 3 − 2 5 =
− =
− =

3 Wie rechnest du?

a) 4 5 − 2 6 =

b) 8 2 − 5 9 =

c) 9 1 − 6 3 =

d) 7 1 − 5 4 =

e) 9 5 − 3 8 =

f) 5 2 − 1 3 =

4 Findet in jeder Aufgabe den Fehler. Überlegt, was falsch gemacht wurde, und rechnet dann richtig.

a)
52 − 17 = 45
50 − 10 = 40
7 − 2 = 5

b)
43 − 29 = 72
40 + 20 = 60
3 + 9 = 12

c)
65 − 28 = 27
65 − 20 = 35
35 − 8 = 27

zu Schülerbuchseite 74

1 a)

–	3	7	12	15
13				
33				
73				

b)

–	9	28	17	37
16				
46				
76				

c)

–	8	27		37
41			0	
85				
	43			

d)

–	8	16	19	27
34				
64				
74				

e)

–	14	36	52	28
51				
71				
83				

f)

–	7	18		35
62				
75			28	
	87			

2 Finde die 4 Fehler und verbessere falsche Ergebnisse.

a) 44 – 18 = 26 ✓
82 – 44 = ~~46~~
63 – 25 = 38

b) 71 – 34 = 43
53 – 47 = 6
95 – 26 = 70

c) 56 – 38 = 18
74 – 27 = 47
62 – 33 = 31

3 a)

b)

c)

4 Verbinde Aufgabe und Umkehraufgabe. Rechne aus.

76 – ☐ = 49 | 34 + 19 = ☐ | 66 – ☐ = 37 | 47 + 38 = ☐

37 + ☐ = 66 | 49 + ☐ = 76 | 53 – 19 = ☐ | 85 – 38 = ☐

5

1

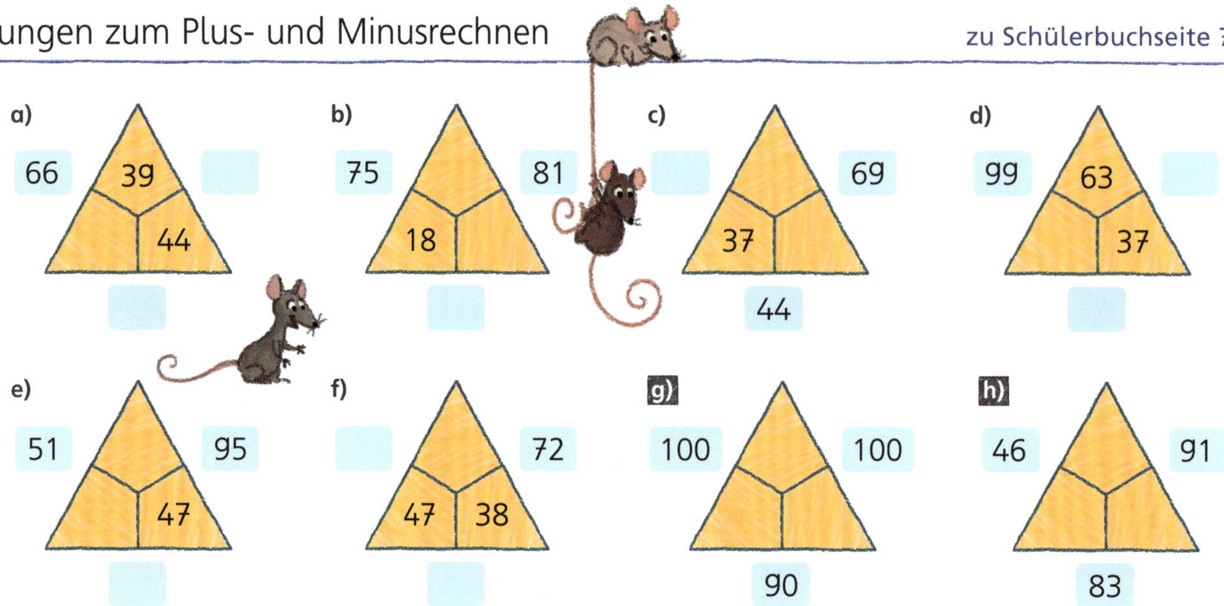

2 Findet verschiedene Plus- und Minusaufgaben. Das Ergebnis soll entweder 38 oder 56 sein.

37 22 72 75 27 16

26 11 29 96 82 19

3 Opa Otto ist 75 Jahre alt. Sein Sohn Kai ist 54 Jahre alt und die Enkelin Lara 19 Jahre alt.

a) F: ______

L:

A: ______

b) F: ______

L:

A: Zusammen sind Kai und Lara 2 Jahre jünger als Opa Otto.

1 Wie viel kostet es?

a) Lampe und Papierkorb

___ € + ___ € = ___ €

Es kostet ___ €.

b) Schreibtisch und Wecker

___ € + ___ € = ___ €

Es kostet ___ €.

c) Schreibtisch und Stiftehalter

___ € + ___ € = ___ €

Es kostet ___ €.

d) ______________________

____

49 € + 7 € = ___ €

Es kostet ___ €.

e) ______________________

____

___ € + ___ € = 19 €

Es kostet ___ €.

f) ______________________

____

___ € + ___ € = ___ €

Es kostet ___ €.

2 Wie viel bekommst du zurück?

a) Ich kaufe die Lampe.
Ich bezahle mit: 

___ € – ___ € = ___ €

Ich bekomme ___ € zurück.

b) Ich kaufe den Schreibtisch.
Ich bezahle mit: 

___ € – ___ € = ___ €

Ich bekomme ___ € zurück.

c) ______________________

____

Ich bezahle mit: ______

___ € – ___ € = ___ €

Ich bekomme ___ € zurück.

d) Ich kaufe ______________________

und ______________________

Ich bezahle mit: 

___ € – ___ € = ___ €

Ich bekomme 77 € zurück.

1 Welche Katzen haben eine Symmetrieachse? Zeichne ein.

a) 
b) 
c) 
d) 
e) 
f) 
g) 

2 Welche Figuren haben eine Symmetrieachse? Welche haben mehrere?
Kontrolliere mit dem Spiegel und zeichne die Symmetrieachsen ein.

a) 
b) 
c) 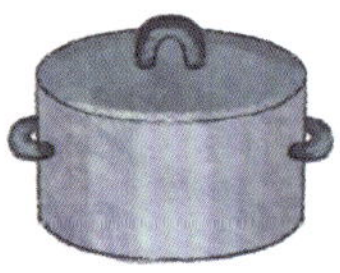
d) 
e) 
f) 
g) 
h) 

3 Ergänze die Figuren auf beiden Seiten der Symmetrieachse achsensymmetrisch.

a) 
b) 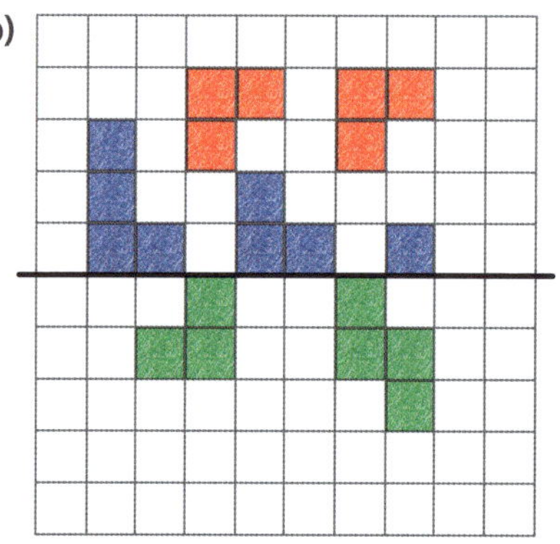
c) 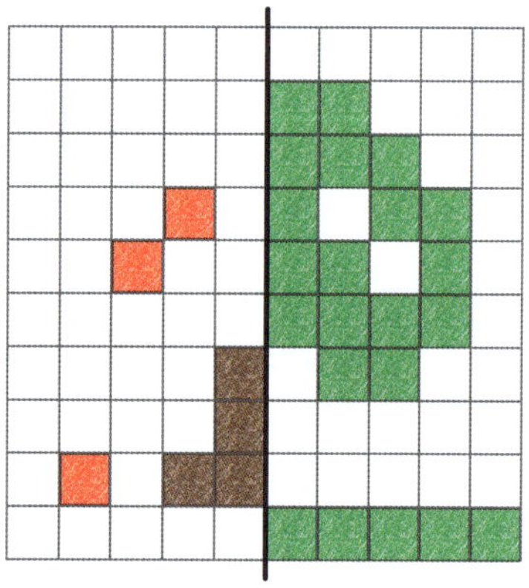

4 Zeichne achsensymmetrische Figuren.

a) 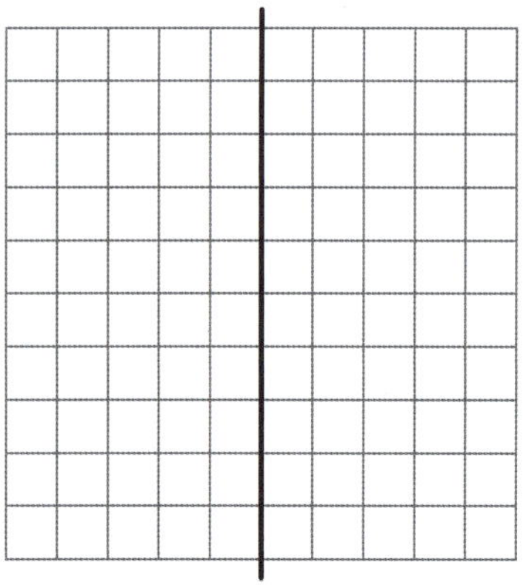
b) 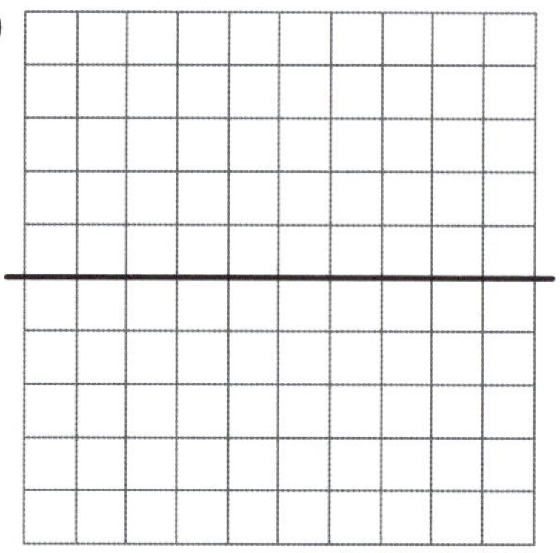
c) 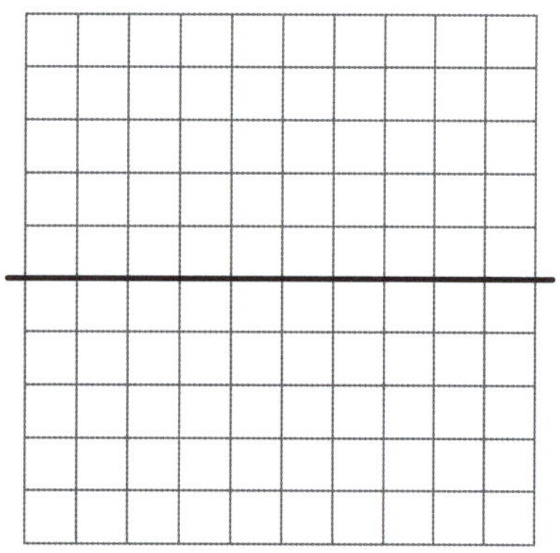

1 Spanne die Figuren und ergänze sie achsensymmetrisch. Kontrolliere mit dem Spiegel. Zeichne dann das Spiegelbild ein.

a)
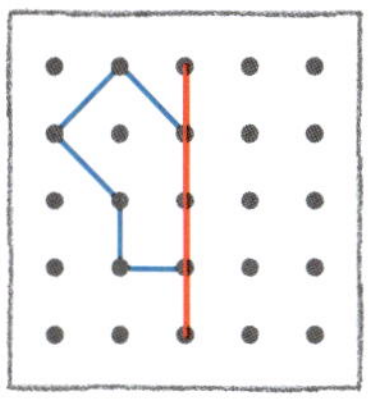
b)
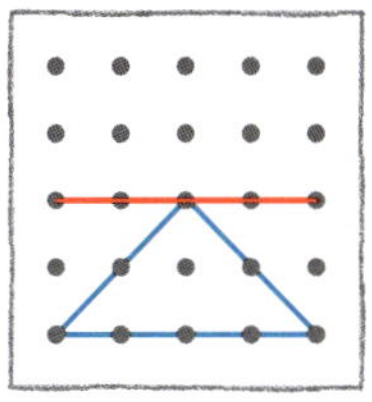
c)
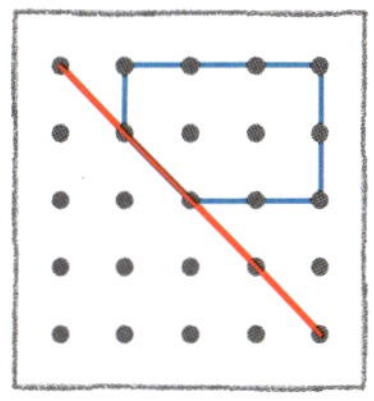
d)
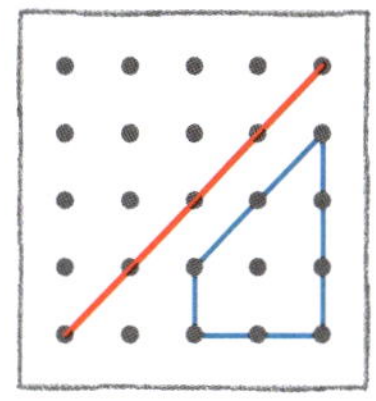
e)
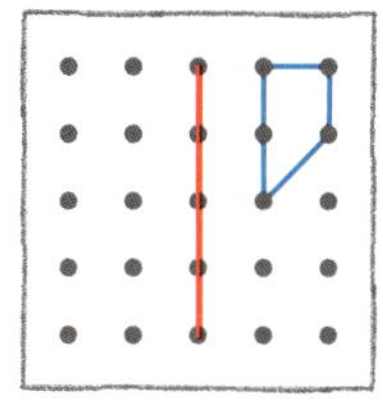
f)
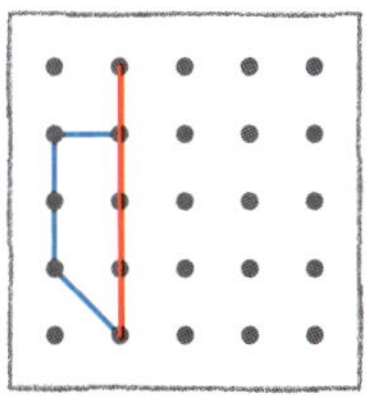
g)
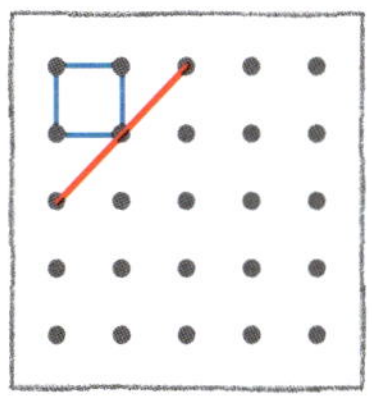
h)
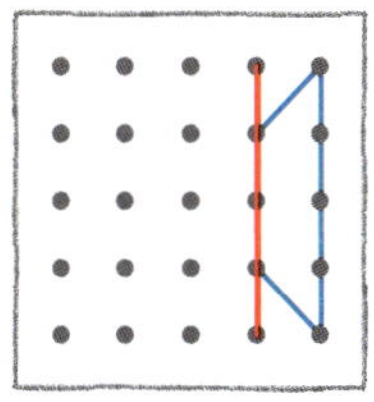
i)
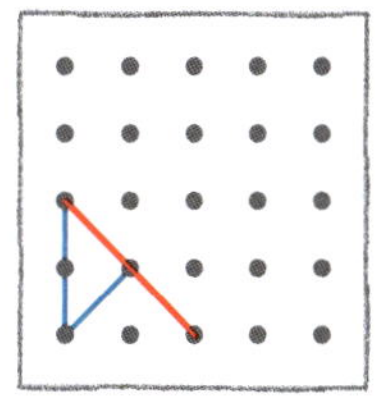
j)
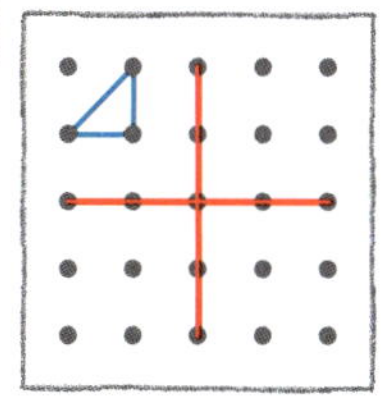

2 Spanne achsensymmetrische Figuren und die Symmetrieachse. Zeichne deine Figuren.

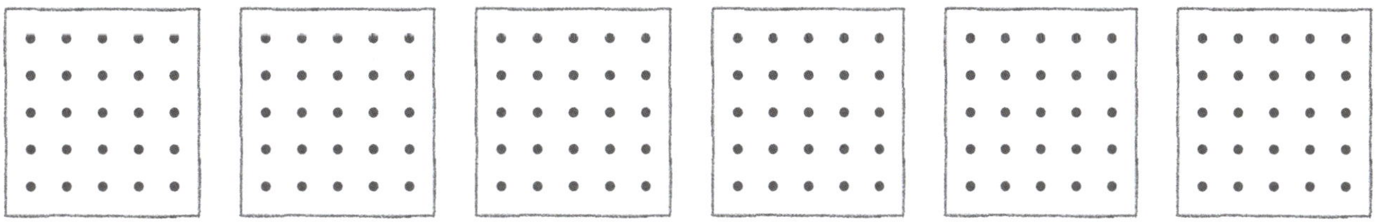

3 Spanne die Figuren so um, dass sie achsensymmetrisch werden. Zeichne deine Figuren.

a)
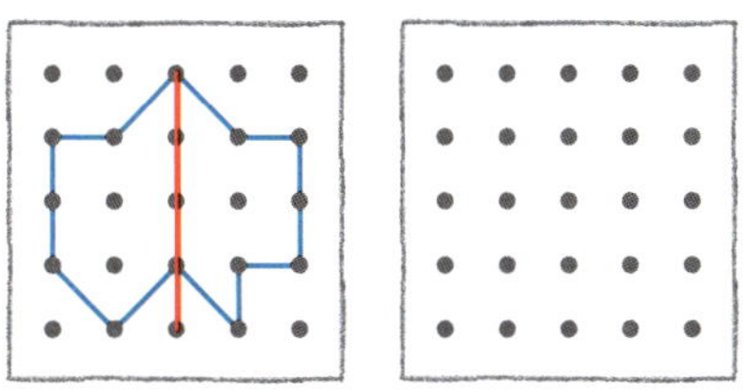
b)
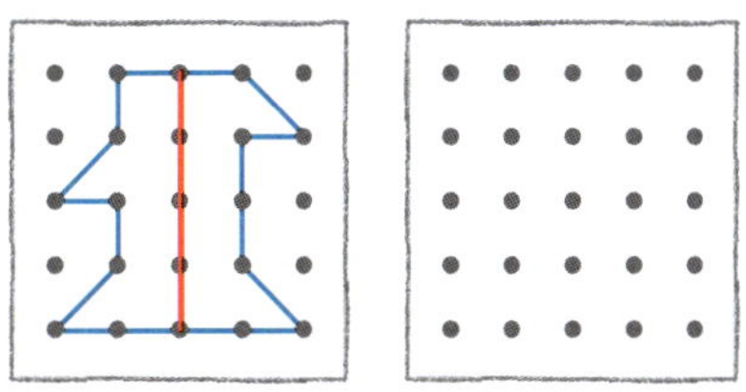
c)
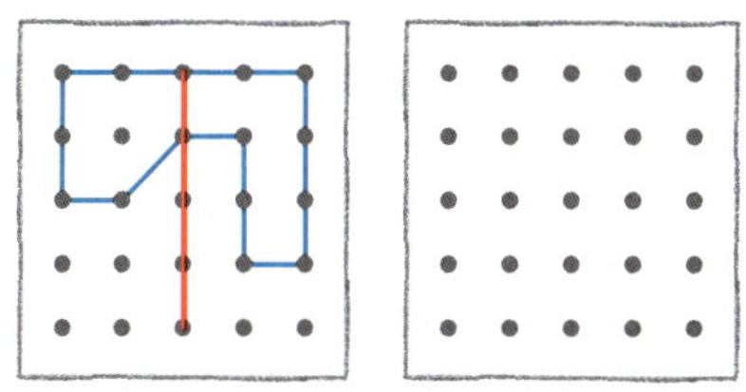

4 Spanne die Figuren nach und überprüfe, ob sie eine Symmetrieachse haben. Spanne die Symmetrieachsen mit einem roten Gummi. Kontrolliere mit dem Spiegel. Zeichne die Symmetrieachsen ein.

a)
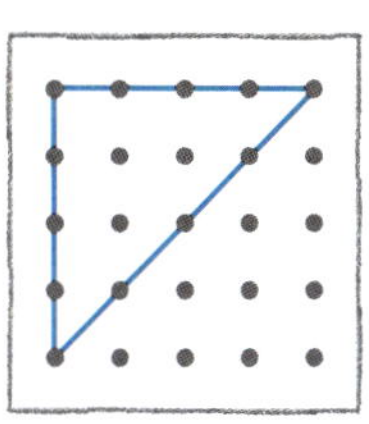
b)
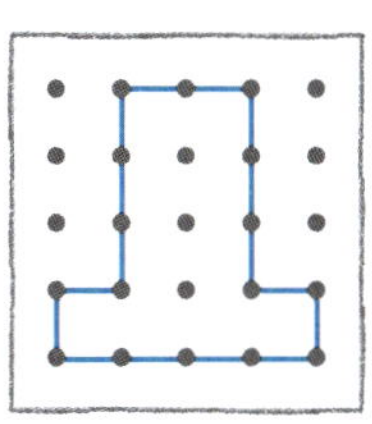
c)
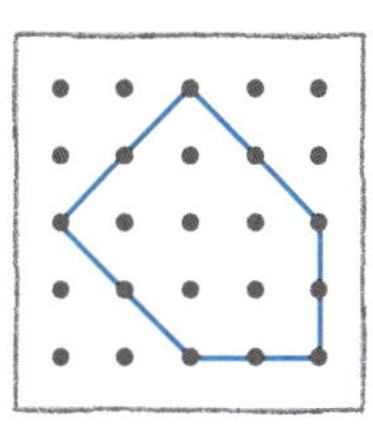
d)
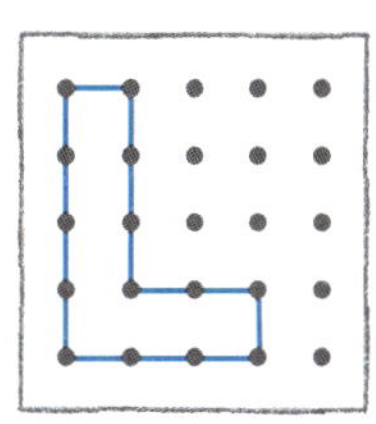
e)
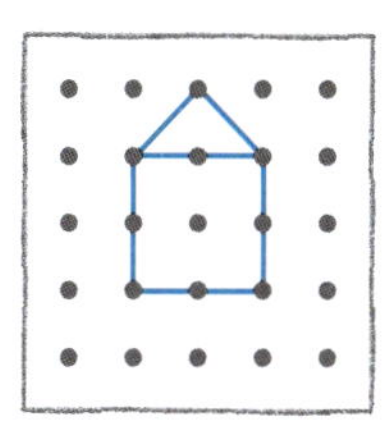
f)
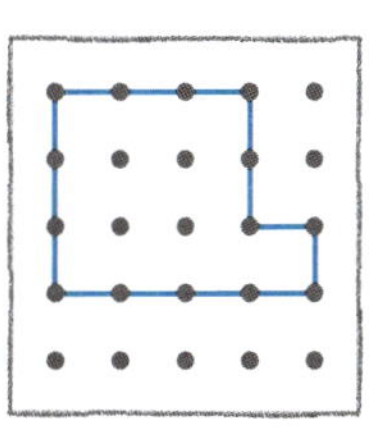
g)
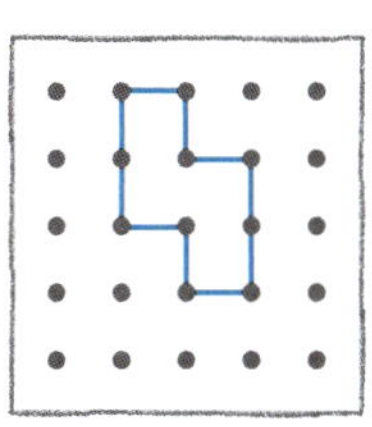
h)
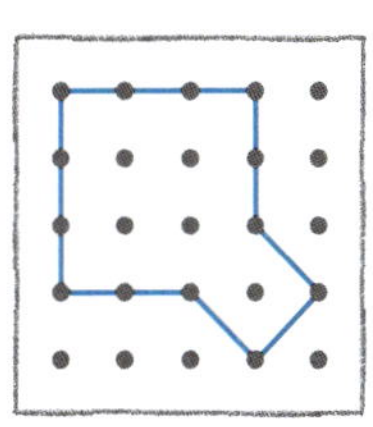
i)
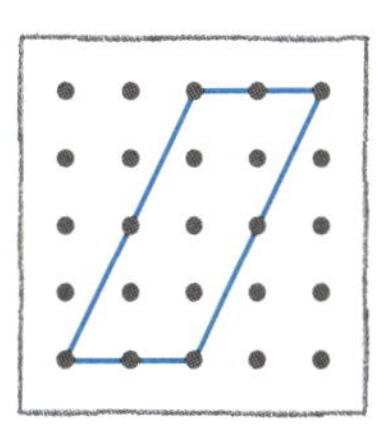
j)
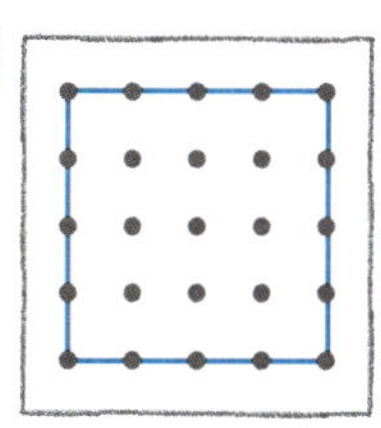

5 Spanne achsensymmetrische Figuren mit zwei Gummis auf deinem Geo-Brett. Kontrolliere mit dem Spiegel.

zu den Schülerbuchseiten 80, 81

1 Zeichne das Spiegelbild.
Wie viele Kästchen gibt es dann in jeder Farbe? Schreibe die Malaufgabe.

a) 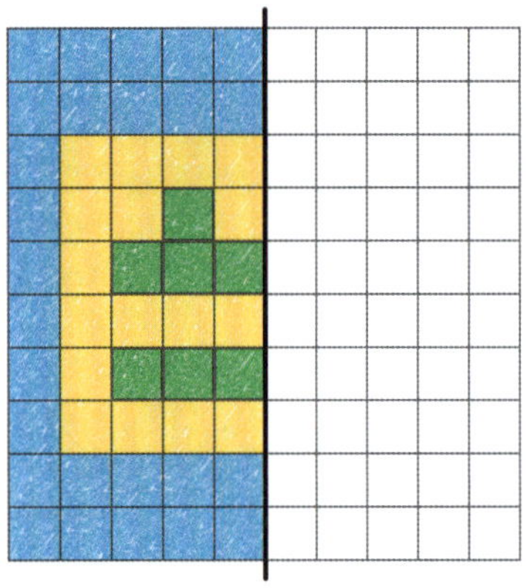

- gelb: 2 · ___ = ___
- grün: ___ · ___ = ___
- blau: ___ · ___ = ___

b) 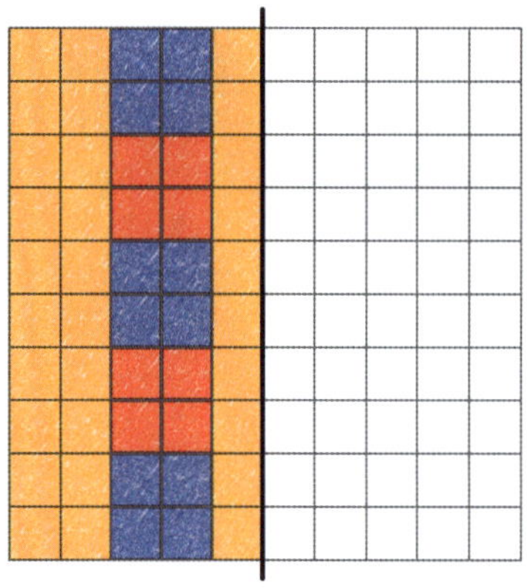

- rot: ___ · ___ = ___
- dunkelblau: ___ · ___ = ___
- orange: ___ · ___ = ___

c) 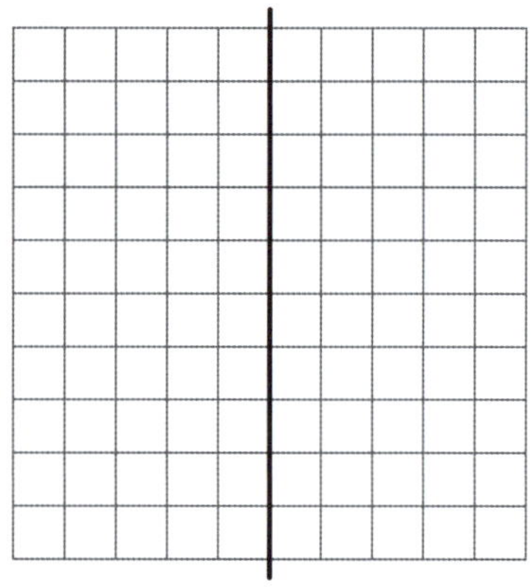

- gelb: 2 · 18 = ___
- grün: 2 · 14 = ___
- lila: 2 · 18 = ___

2 Verdopple.

a)
26 + 26 = ___
17 + ___ = ___
___ + 33 = ___
41 + ___ = ___

b)
40 + 40 = ___
___ + 49 = ___
38 + ___ = ___
___ + 25 = ___

c)
___ + ___ = 68
___ + ___ = 72
___ + ___ = 38
___ + ___ = 94

3 Halbiere. Zeichne die Trennlinie ein und schreibe die passende Aufgabe.

a) 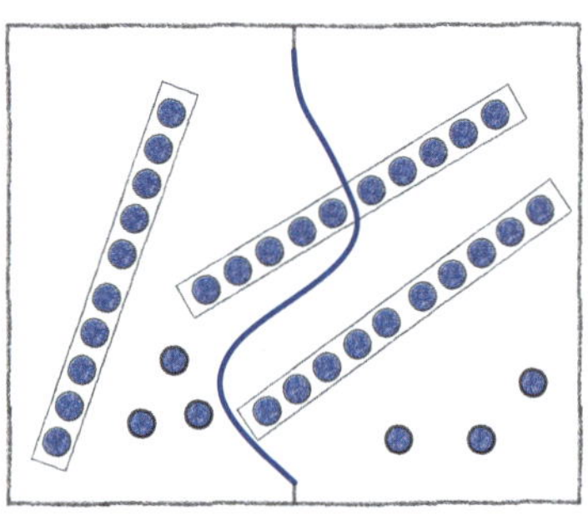

36 = ___ + ___

b) 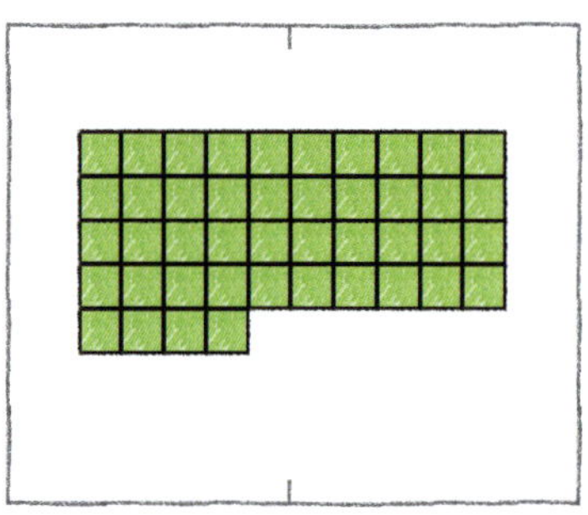

___ = ___ + ___

c) 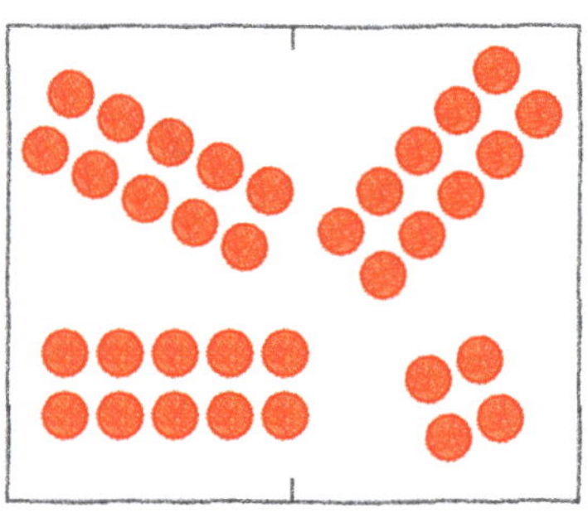

___ = ___ + ___

4 a)

Zahl	35	13		44		37	
das Doppelte			94		68		82

b)

Zahl	56	86		14		90	
die Hälfte			47		29		39

zu Schülerbuchseite 82

1 Bringe die Uhrzeiten auf den Kärtchen in die richtige Reihenfolge.
Zeichne dann die Zeiger in dieser Reihenfolge ein.

16.05 Uhr [2]   16 Uhr [1]   16 Uhr und 17 Minuten [ ]

16.36 Uhr [ ]   16 Uhr und 57 Minuten [ ]   17 Uhr [ ]

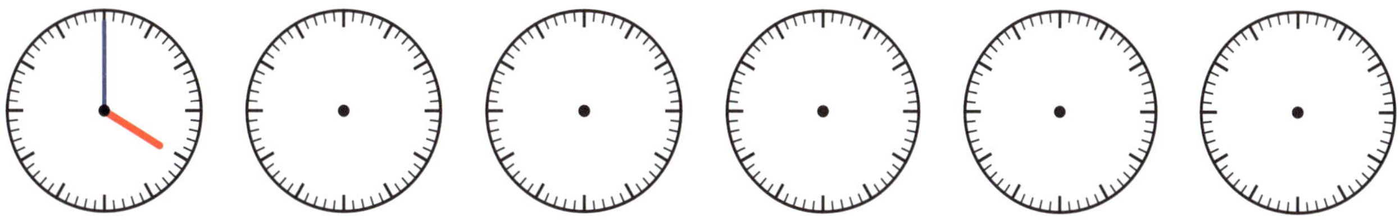

2 Schreibe die Uhrzeiten (zwischen 15 Uhr und 16 Uhr) auf zwei Arten.

a) 
15.15 Uhr
15 Uhr und 15 min

b) 
______
______

c) 
______
______

d) 
______
______

3 Wie viele Minuten sind vergangen?

a) 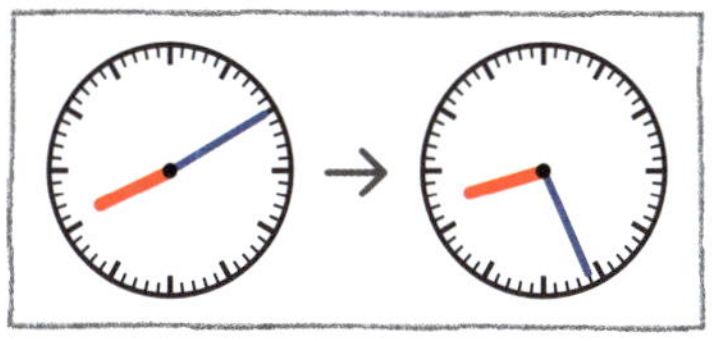
[ ] Minuten

b) 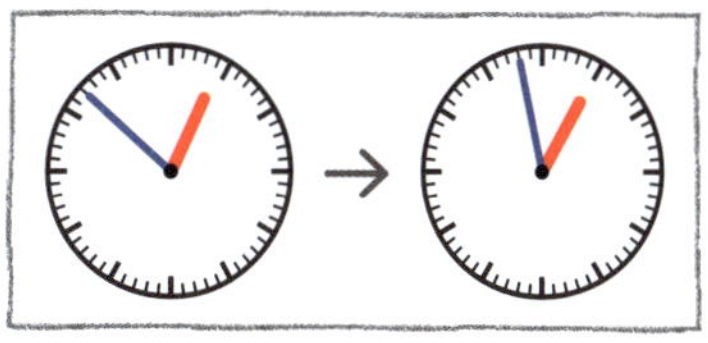
[ ] Minuten

c) 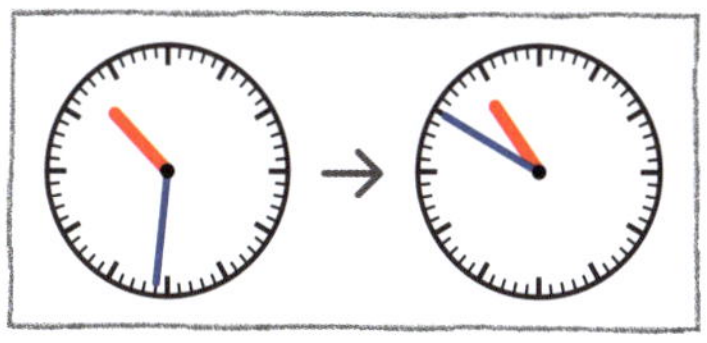
[ ] Minuten

d) 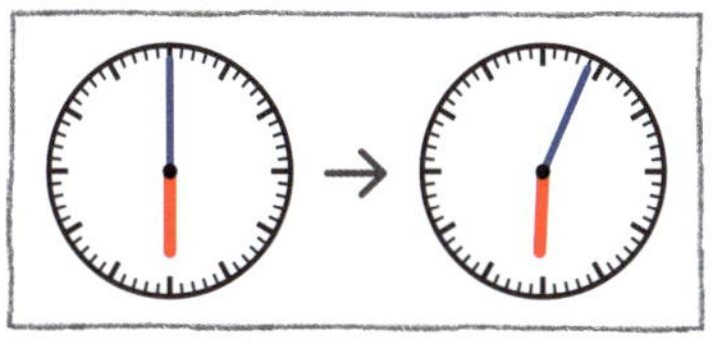
[ ] Minuten

e) 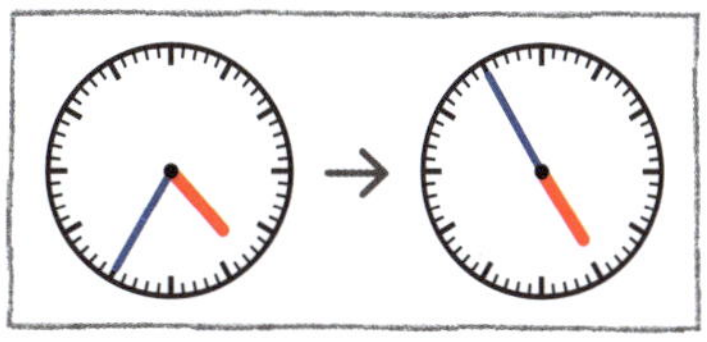
[ ] Minuten

f) 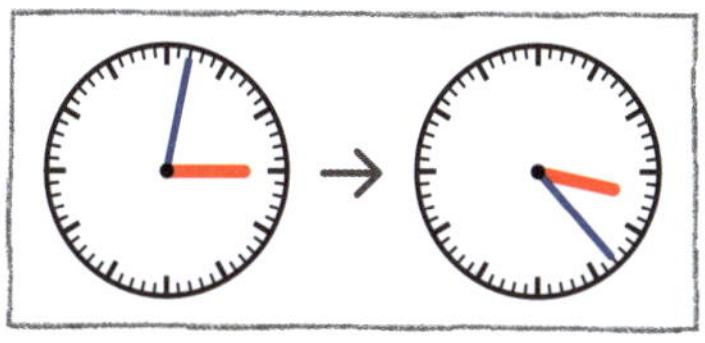
[ ] Minuten

4 Schaut euch die Bilder im Buch auf Seite 82 oben an. Wo könntet ihr die Bilder einordnen?
Schreibt zu jedem Bild eine Uhrzeit.

a) 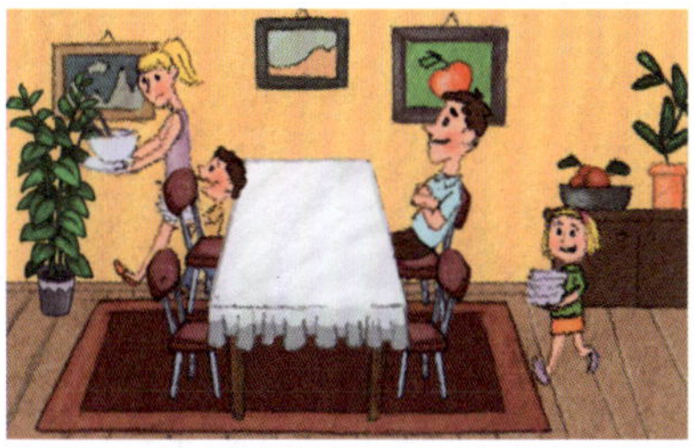
______

b) 
______

c) 
______

1 Rechne in jedem Päckchen die Kernaufgaben zuerst.

a)	b)	c)	d)
6 · 7 =	4 · 3 =	9 · 9 =	5 · 6 =
7 · 7 =	6 · 3 =	10 · 9 =	7 · 6 =
8 · 7 =	5 · 3 =	8 · 9 =	6 · 6 =

2 Finde zu jedem Ergebnis eine passende Kernaufgabe. Kontrolliere mit dem Kopfrechentrainer.

a)	b)	c)	d)
_ · _ = 6	_ · _ = 10	_ · _ = 9	_ · _ = 64
_ · _ = 25	_ · _ = 30	_ · _ = 15	_ · _ = 12
_ · _ = 14	_ · _ = 35	_ · _ = 49	_ · _ = 40

3 Finde zu jedem Ergebnis drei verschiedene Kernaufgaben.

a) 8	b) 20	c) 16	d)
_ · _	_ · _	_ · _	_ · _
_ · _	_ · _	_ · _	_ · _
_ · _	_ · _	_ · _	_ · _

4 Übe mit deiner Lernkartei. Notiere die Aufgaben, die dir noch schwerfallen.

5 Fülle die Tabelle vollständig aus. Beginne mit den gelb gefärbten Feldern. Erkläre, wie du die Zahlen in den weißen Feldern ausgerechnet hast.

·	0	1	2	3	4	5	6	7	8	9	10
0											
1											
2											
3											
4											
5											
6											
7											
8											
9											
10											

1 Schreibe zu jedem Bild die passende Malaufgabe.

a) 

___ · ___ = ___

b) 

___ · ___ = ___

c) 

___ · ___ = ___

2

Autos	3		8		5		10		6	
Räder		4		8		44		28		16

3 Schreibe zu jeder Aufgabe eine Kernaufgabe, die dir beim Rechnen hilft.

a) 3 · 4 = ___
2 · 4 = ___

b) 6 · 4 = ___
___ · ___ = ___

c) 9 · 4 = ___
___ · ___ = ___

d) 4 · 4 = ___
___ · ___ = ___

4 Male zu jeder Aufgabe ein passendes Punktebild und rechne.

a) 

6 · 4 = ___

b) 

8 · 4 = ___

c) 

5 · 5 = ___

d) 

7 · 4 = ___

5 a)

2er-Reihe	2	4	6							
2er-Reihe	2	4								
4er-Reihe	4									

b)

5er-Reihe	5	10	15							
1er-Reihe	1	2								
4er-Reihe	4									

6 Kontrolliere mit dem Kopfrechentrainer.

a) 9 · 4 = ___
4 · 4 = ___
6 · 4 = ___

b) 10 · 4 = ___
5 · 4 = ___
3 · 4 = ___

c) 6 · 2 = ___
5 · 10 = ___
7 · 5 = ___

d) 3 · 10 = ___
8 · 5 = ___
4 · 2 = ___

 zu Schülerbuchseite 89

1 Zeichne zu jeder Aufgabe ein passendes Punktebild und rechne.

a) 
$2 \cdot 8 =$ ___

b) $6 \cdot 8 =$ ___

c) $4 \cdot 8 =$ ___

d) $7 \cdot 8 =$ ___

e) $3 \cdot 8 =$ ___

f) $1 \cdot 8 =$ ___

g) $8 \cdot 8 =$ ___

h) $5 \cdot 8 =$ ___

2

Spinnen	3		6		2		9		7	
Beine		32		64		40		8		80

3

a)
$2 \cdot 8 =$ ___
$10 \cdot 8 =$ ___
$5 \cdot 8 =$ ___
$7 \cdot 8 =$ ___

b)
___ $\cdot 8 = 32$
___ $\cdot 8 = 48$
___ $\cdot 8 = 24$
___ $\cdot 8 = 72$

c)
$5 \cdot$ ___ $= 20$
$2 \cdot$ ___ $= 10$
$10 \cdot$ ___ $= 40$
$6 \cdot$ ___ $= 30$

d)
___ $\cdot$ ___ $= 25$
___ $\cdot$ ___ $= 64$
___ $\cdot$ ___ $= 16$
___ $\cdot$ ___ $= 4$

4

$4 \cdot 4 =$ ___ $\cdot 8$
$6 \cdot 2 =$ ___ $\cdot 4$
___ $\cdot 8 = 10 \cdot 4$
___ $\cdot 2 = 5 \cdot 4$
$4 \cdot 2 =$ ___ $\cdot 4$
$6 \cdot 4 =$ ___ $\cdot 8$
___ $\cdot 8 = 12 \cdot 2$
___ $\cdot 4 = 6 \cdot 8$
$8 \cdot 4 =$ ___ $\cdot 8$
$7 \cdot 4 =$ ___ $\cdot 2$

5 a) Setze die Reihen fort.

1	2	3	4	5	6	7	8	9	10
11	12	13	14	15	16	17	18	19	20
21	22	23	24	25	26	27	28	29	30
31	32	33	34	35	36	37	38	39	40
41	42	43	44	45	46	47	48	49	50
51	52	53	54	55	56	57	58	59	60
61	62	63	64	65	66	67	68	69	70
71	72	73	74	75	76	77	78	79	80

b) Welche Einmaleinsreihen sind es?

___

1 Fülle die leeren Felder aus.

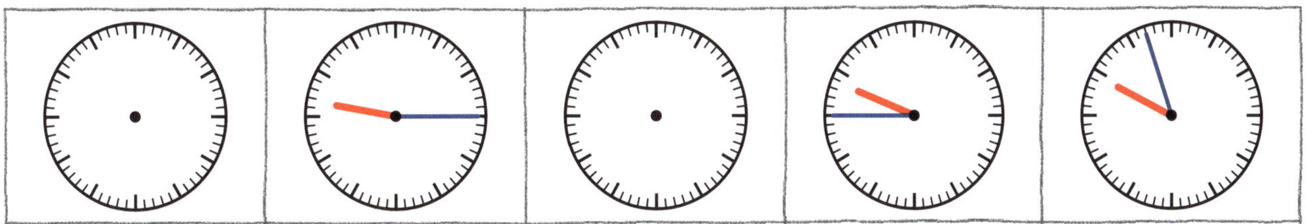

09:05		09:30	09:45	
	9 Uhr und 15 Minuten	9 Uhr und 30 Minuten		9 Uhr und 57 Minuten
5 Minuten nach 9 Uhr		eine halbe Stunde vor 10 Uhr		drei Minuten vor zehn Uhr

2 Was passt zusammen? Verbinde. Eine Uhr bleibt übrig.

Viertel nach sieben | halb zehn | zehn vor elf | zwanzig vor sieben

3 Zeichne die Zeiger in die Uhren.

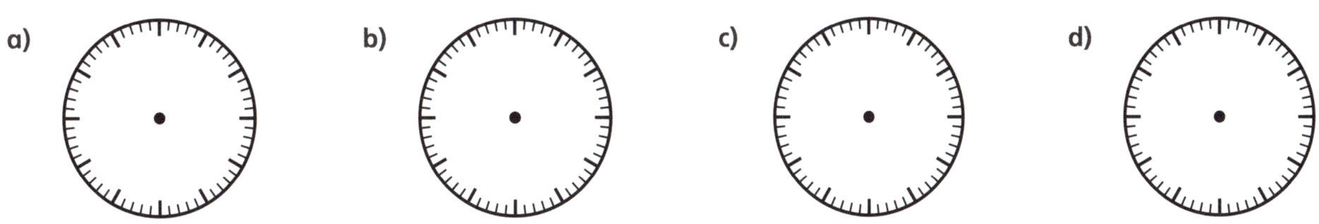

a) Viertel vor drei | b) sieben vor elf | c) zwanzig nach neun | d) fünf vor halb acht

4 Bringe die Uhrzeiten in die richtige Reihenfolge. Beginne mit 8 Uhr.
Wie heißt das Lösungswort?

	11 Uhr und 57 Minuten	H
	9.45 Uhr	T
	halb zwölf	N
	11.55 Uhr	A
	Viertel nach acht	I
	eins nach zwölf	T
1	8 Uhr	M
	zehn nach zehn	E

M		T			R			C		

1 Wie lange dauert es ungefähr? Verbindet.

Türklinke hinunterdrücken	3 Minuten
Schulpause	1 Sekunde
bis 10 zählen	90 Minuten
Zähne putzen	10 Sekunden
Doppelstunde Sportunterricht	20 Minuten

2 Wie viele Minuten dauert es?

a)
13.45 Uhr → + ___ min → 14 Uhr
16.30 Uhr → + ___ min → 17 Uhr
3.28 Uhr → + ___ min → 3.51 Uhr

b)
6.06 Uhr → + ___ min → 6.37 Uhr
11.20 Uhr → + ___ min → 11.55 Uhr
18.26 Uhr → + ___ min → 19 Uhr

3 Wie viele Minuten dauert es insgesamt?

a) + ___ min + ___ min
13.45 Uhr ___ Uhr 14.12 Uhr
Es dauert ___ Minuten.

b) + ___ min + ___ min
9.30 Uhr ___ Uhr 10.11 Uhr
Es dauert ___ Minuten.

c) + 45 min + 8 min
16.15 Uhr ___ Uhr ___ Uhr
Es dauert ___ Minuten.

d) + ___ min + ___ min
19.56 Uhr ___ Uhr ___ Uhr
Es dauert 60 Minuten.

4 Wie lange dauert es?

a) + ___ min + ___ h
13.45 Uhr ___ Uhr 17 Uhr
Es dauert ___ Stunden und ___ Minuten.

b) + ___ min + ___ h
9.42 Uhr ___ Uhr 13 Uhr
Es dauert ___ Stunden und ___ Minuten.

1 Schreibe zu jedem Bild die passende Malaufgabe aus der 3er-Reihe.

a)

___ · ___ = ___

b)

___ · ___ = ___

c)

___ · ___ = ___

d)

___ · ___ = ___

e)

___ · ___ = ___

f)

___ · ___ = ___

g)

___ · ___ = ___

h)

___ · ___ = ___

2 Rechne mithilfe der Kernaufgaben.

a) $7 \cdot 3 =$ ___
$5 \cdot 3 =$ ___
$2 \cdot 3 =$ ___

b) $9 \cdot 3 =$ ___
$10 \cdot 3 =$ ___
$1 \cdot 3 =$ ___

c) $6 \cdot 3 =$ ___
$5 \cdot 3 =$ ___
$1 \cdot 3 =$ ___

d) $8 \cdot 3 =$ ___
$10 \cdot 3 =$ ___
$2 \cdot 3 =$ ___

3

1er-Reihe	1	2	3							
2er-Reihe	2	4								
3er-Reihe	3									

4 Kontrolliere mit dem Kopfrechentrainer.

a) $4 \cdot 3 =$ ___
$6 \cdot 5 =$ ___
$9 \cdot 3 =$ ___
$7 \cdot 4 =$ ___

b) ___ $\cdot 5 = 15$
___ $\cdot 3 = 18$
___ $\cdot 4 = 12$
___ $\cdot 3 = 27$

c) $6 \cdot$ ___ $= 24$
$3 \cdot$ ___ $= 24$
$2 \cdot$ ___ $= 24$
$8 \cdot$ ___ $= 24$

d) ___ · ___ $= 30$
___ · ___ $= 35$
___ · ___ $= 36$
___ · ___ $= 32$

5 >, < oder = ?

a) $2 \cdot 3$ ◯ $1 \cdot 4$
$5 \cdot 5$ ◯ $6 \cdot 3$
$4 \cdot 3$ ◯ $6 \cdot 2$
$8 \cdot 5$ ◯ $10 \cdot 3$

b) $6 \cdot 4$ ◯ $8 \cdot 3$
$2 \cdot 4$ ◯ $3 \cdot 3$
$7 \cdot 3$ ◯ $4 \cdot 5$
$9 \cdot 3$ ◯ $7 \cdot 4$

c) $4 \cdot 4$ ◯ $5 \cdot 3$
$8 \cdot 3$ ◯ $7 \cdot 4$
$5 \cdot 8$ ◯ $9 \cdot 3$
$3 \cdot 10$ ◯ $6 \cdot 5$

zu Schülerbuchseite 93

1 Zeichne zu jeder Aufgabe die passenden Würfelbilder und rechne.

a) 

9 · 6 =

b) 6 · 6 =

c) 4 · 6 =

d) 1 · 6 =

e) 8 · 6 =

f) 7 · 6 =

g) 5 · 6 =

h) 3 · 6 =

2

Kutschen	1		5		2		6		9	
Pferde	6	24		48		18		60		42

3 Schreibe zu jedem Bild die Malaufgabe und die dazugehörige Tauschaufgabe.

a) 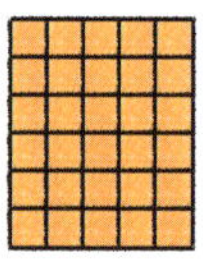

· =
· =

b) 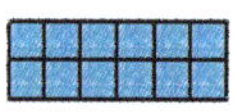

· =
· =

c) 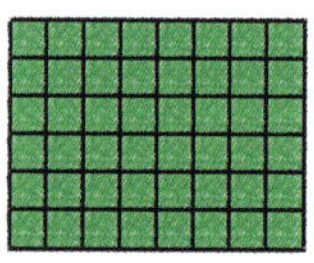

· =
· =

d) 

· =
· =

e) 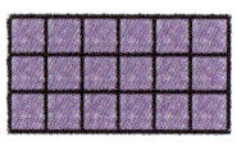

· =
· =

f) 

· =
· =

g) 

· =
· =

h) 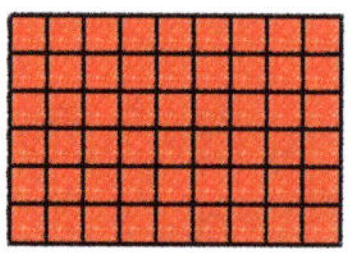

· =
· =

4 Kontrolliere mit dem Kopfrechentrainer.

a) 5 · 6 =
3 · 6 =
8 · 6 =

b) 7 · 6 =
5 · 5 =
8 · 4 =

c) 3 · 3 =
6 · 4 =
7 · 2 =

d) 4 · 10 =
10 · 6 =
6 · 6 =

1 Schreibe zu jedem Bild die passende Malaufgabe und die dazugehörige Tauschaufgabe.

a) 

$\square \cdot \square = \square$

$\square \cdot \square = \square$

b) 

$\square \cdot \square = \square$

$\square \cdot \square = \square$

c) 

$\square \cdot \square = \square$

$\square \cdot \square = \square$

d) 

$\square \cdot \square = \square$

$\square \cdot \square = \square$

2 a)

5er-Reihe	5	10	15							
4er-Reihe	4	8								
9er-Reihe	9	18								

b)

8er-Reihe	8	16								
1er-Reihe	1									
9er-Reihe	9									

3 Finde zu jedem Zahlenkärtchen das passende Aufgabenkärtchen.
Wie heißt das Lösungswort?

16, 63, 36, 54, 9, ~~90~~, 27, 45, 81, 72

$1 \cdot 10 - 1 \cdot 1$	N
$2 \cdot 3 + 2 \cdot 5$	N
$3 \cdot 3 + 3 \cdot 6$	I
$5 \cdot 10 - 5 \cdot 1$	L
$6 \cdot 3 + 6 \cdot 6$	A
$8 \cdot 3 + 8 \cdot 6$	S
~~$10 \cdot 10 - 1 \cdot 10$~~	E
$7 \cdot 3 + 7 \cdot 6$	I
$4 \cdot 3 + 4 \cdot 6$	E
$9 \cdot 10 - 9 \cdot 1$	M

E									

4 Kontrolliere mit dem Kopfrechentrainer.

a)
$5 \cdot 9 = \square$
$3 \cdot 9 = \square$
$9 \cdot 9 = \square$
$6 \cdot 9 = \square$
$7 \cdot 9 = \square$

b)
$\square \cdot 9 = 72$
$\square \cdot 8 = 72$
$\square \cdot 6 = 54$
$\square \cdot 3 = 30$
$\square \cdot 10 = 90$

c)
$4 \cdot \square = 36$
$1 \cdot \square = 10$
$8 \cdot \square = 64$
$7 \cdot \square = 42$
$7 \cdot \square = 56$

d)
$\square \cdot \square = 24$
$\square \cdot \square = 32$
$\square \cdot \square = 15$
$\square \cdot \square = 16$
$\square \cdot \square = 48$

1 Zeichne zu jeder Aufgabe das passende Punktebild und rechne.

a) 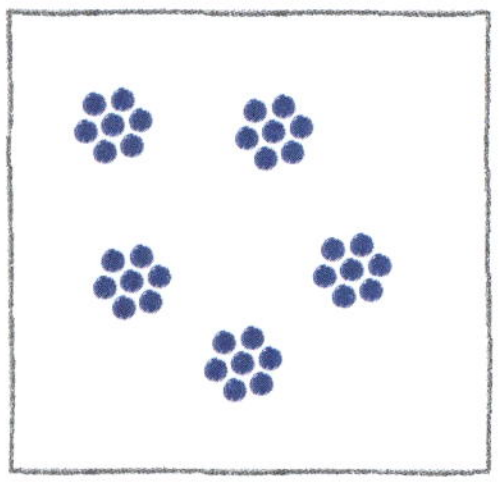

5 · 7 =

b) 3 · 7 =

c) 9 · 7 =

d) 7 · 7 =

e) 4 · 7 =

f) 2 · 7 =

g) 8 · 7 =

h) 10 · 7 =

2 Rechne jede Aufgabe mit der vorgegebenen Hilfsaufgabe.

3 · 7	mit zwei Kernaufgaben	2 · 7 + 1 · 7	21
8 · 7	mit der Verdoppelung		
6 · 7	mit zwei Kernaufgaben		
9 · 7	mit zwei Kernaufgaben		
4 · 7	mit der Tauschaufgabe		

3

a) Dreieck: 14 (oben), 21 (links), 35 (rechts); außen: leer, leer, leer

b) Dreieck: 28 (oben), leer (links), 7 (rechts); außen: 70, leer, leer

c) Dreieck: 42 (oben); außen: 63, leer, 28

d) außen: 49, 56, 35

e) Dreieck: 21 (oben), 28 (links), 42 (rechts); außen: leer, leer, leer

f) Dreieck: 35 (oben), leer (links), 14 (rechts); außen: 84, leer, leer

g) Dreieck: 49 (oben); außen: 77, leer, 42

h) außen: 63, 70, 49

1 Zerlege jedes Punktebild in zwei Malaufgaben.

a) 6 · 8

4 · 8 + 2 · 8

b) ___ · ___

___ · ___ + ___ · ___

c) ___ · ___

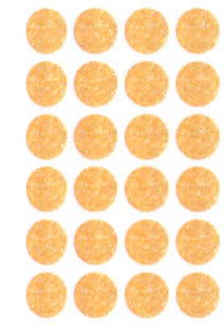

___ · ___ + ___ · ___

d) ___ · ___

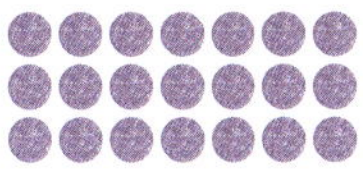

___ · ___ + ___ · ___

e) ___ · ___

___ · ___ + ___ · ___

f) ___ · ___

___ · ___ + ___ · ___

2 a)

2er-Reihe	2	4							
6er-Reihe	6	12							
8er-Reihe	8								

b)

4er-Reihe	4	8							
4er-Reihe	4	8							
8er-Reihe	8								

3 a) Setze die Reihen fort.

1	2	3	4	5	6	7	8	9	10
11	12	13	14	15	16	17	18	19	20
21	22	23	24	25	26	27	28	29	30
31	32	33	34	35	36	37	38	39	40
41	42	43	44	45	46	47	48	49	50
51	52	53	54	55	56	57	58	59	60
61	62	63	64	65	66	67	68	69	70
71	72	73	74	75	76	77	78	79	80
81	82	83	84	85	86	87	88	89	90
91	92	93	94	95	96	97	98	99	100

b) Welche Einmaleinsreihen sind es?

____

4 a) Setze die Reihen fort.

1	2	3	4	5	6	7	8	9	10
11	12	13	14	15	16	17	18	19	20
21	22	23	24	25	26	27	28	29	30
31	32	33	34	35	36	37	38	39	40
41	42	43	44	45	46	47	48	49	50
51	52	53	54	55	56	57	58	59	60
61	62	63	64	65	66	67	68	69	70
71	72	73	74	75	76	77	78	79	80
81	82	83	84	85	86	87	88	89	90

b) Welche Einmaleinsreihen sind es?

____

Preisliste

Zooführer	3 €
Lageplan	1 €
Futtertüte für den Streichelzoo	2 €
Schlüsselanhänger Pinguin	4 €
Plüscheisbär	14 €

Öffnungszeiten Affenhaus

Mo–Fr	9.15 Uhr – 17.00 Uhr
Sa	10.30 Uhr – 16.30 Uhr
So	10.45 Uhr – 16.00 Uhr

1 Schreibe drei verschiedene Sachaufgaben mit Aufgabentext, Frage, Lösungsweg und Antwort.

a)

F:

L:

A:

b)

F:

L:

A:

c)

F:

L:

A:

1

a) Schätze: Wer hat den kürzesten Weg zur Bank im Park? ____________

b) Miss die Längen der einzelnen Wege.

Maria 5 cm +

Jan

Ole

Den kürzesten Weg hat ____________.

2 Zeichne eine zusammengesetzte Strecke mit der Gesamtlänge von 75 cm.

3 Ergänze zu 100 cm.

a) 60 cm + ___ cm = 100 cm

25 cm + ___ cm = 100 cm

72 cm + ___ cm = 100 cm

b) ___ cm + 10 cm = 100 cm

___ cm + 36 cm = 100 cm

___ cm + 57 cm = 100 cm

1 Zeichne die Rechtecke mit dem Lineal. Schreibe die Maße an die Seiten.

a) Länge 6 cm
Breite 4 cm

b) Länge 2 cm
Breite 3 cm

c) Länge 3 cm
Breite 5 cm

2 Schreibe die Maße an die Linien. Zeichne dann die Figur mit dem Lineal noch einmal daneben.

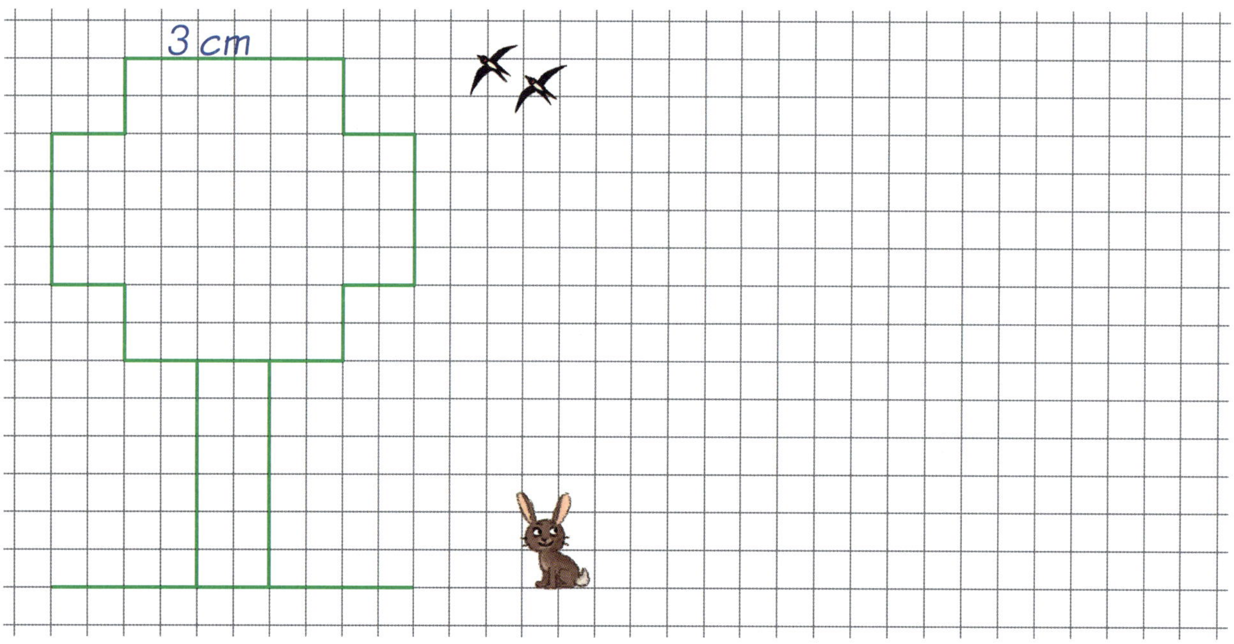

3 Zeichne mit dem Lineal eine Figur, die aus den Strecken der Länge 1 cm, 7 cm, 2 cm und 3 cm zusammengesetzt ist. Du kannst die Längen mehrfach verwenden.

zu den Schülerbuchseiten 102, 103

1 Die zweiten Klassen der Seeschule veranstalten einen Lesewettbewerb. Notiere drei verschiedene Fragen.

Anmeldungen für den Lesewettbewerb:

Klasse	Jungen	Mädchen
2a	4	8
2b	1	12
2c	9	7
2d	11	9

Frage 1: ______________________________

____

Frage 2: ______________________________

____

Frage 3: ______________________________

____

____

2 Jedes Kind muss 3 Minuten lang aus einem selbst ausgewählten Buch vorlesen. Außerdem muss jedes Kind 5 Minuten lang einen fremden Text vorlesen.

Wie viele Minuten lesen die Jungen der Klasse 2a insgesamt vor?

L:

A: ______________________________

____

3 Die Siegerehrung findet am Donnerstag um 14.30 Uhr statt und dauert 45 Minuten.

F: ______________________________

L:

A: ______________________________

____

4 Für die Siegerehrung wurden vier Comics für je 2 €, vier Taschenbücher für je 5 € und acht Sachbücher für je 9 € gekauft.

F: ______________________________

L: 4 · 2 € = 8 €   8 · 9 € = 72 €

4 · 5 € = 20 €   72 € + 8 € + 20 € = 100 €

A: ______________________________

1 a) Immer 6 Eier sollen in eine Schachtel.

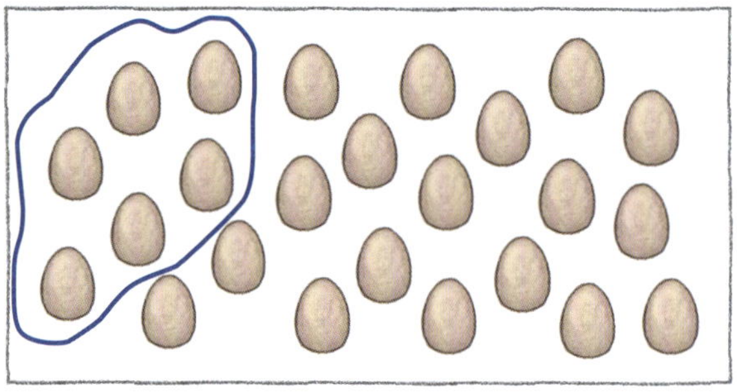

Ich brauche ___ Schachteln.

b) Immer 8 Kinder sollen in eine Gruppe.

Es gibt ___ Gruppen.

c) Immer 3 Blumen sollen in eine Vase.

Ich brauche ___ Vasen.

d) Immer 4 Würfel sollen in einen Beutel.

Ich brauche ___ Beutel.

2 Zeichne die Punktebilder und trage die Lösung ein.

a) Ich habe 30 Eier.
Es sollen immer 10 Eier in eine Schachtel.

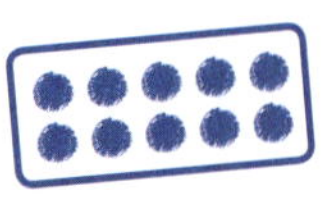

Ich brauche ___ Schachteln.

b) Es sind 21 Kinder in der Klasse.
Es sollen immer 3 Kinder in eine Gruppe.

Es gibt ___ Gruppen.

c) Ich habe 32 Blumen.
Es sollen immer 4 Blumen in eine Vase.

Ich brauche ___ Vasen.

d) Ich habe 30 Würfel.
Es sollen immer 5 Würfel in einen Beutel.

Ich brauche ___ Beutel.

1 a) 12 Pinsel werden auf 3 Becher verteilt.

In jedem Becher sind ___ Pinsel.

b) 18 Törtchen werden auf 9 Teller verteilt.

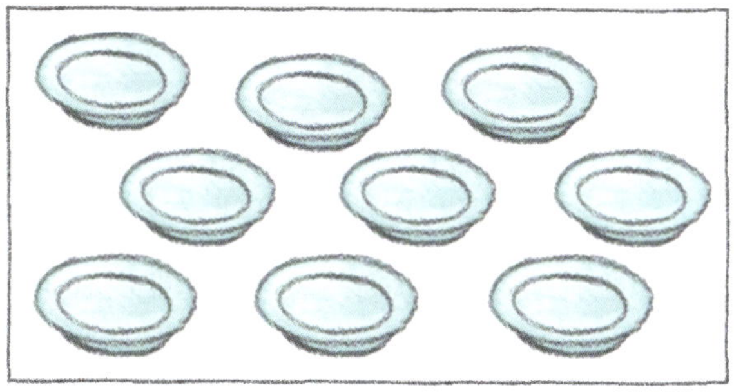

Auf jedem Teller sind ___ Törtchen.

c) 32 Kartoffeln werden auf 4 Säcke verteilt.

In jedem Sack sind ___ Kartoffeln.

d) 15 Kisten werden auf 5 Lastwagen verteilt.

Auf jedem Lastwagen sind ___ Kisten.

2 Zeichne zu jeder Aufgabe das passende Punktebild und trage die Lösung ein.

a) 28 Karten werden an 4 Kinder verteilt.

Jedes Kind bekommt ___ Karten.

b) 36 Fotos werden auf 6 Seiten verteilt.

Auf jeder Seite sind ___ Fotos.

c) 21 Muffins werden an 7 Kinder verteilt.

Jedes Kind bekommt ___ Muffins.

d) 24 Äpfel werden an ___ Pferde verteilt.

Jedes Pferd bekommt 3 Äpfel.

1 Verbinde.

24 Schafe werden auf 6 Ställe verteilt.	24 : 4	4
36 Eier werden in 6er-Kartons verpackt.	36 : 6	4
24 Murmeln werden an 4 Kinder verteilt.	24 : 6	6
36 Bilder werden auf 9 Seiten verteilt.	36 : 9	6

2 Teile. Kontrolliere mit der Umkehraufgabe.

a) 18 : 3 = ___
50 : 5 = ___
16 : 4 = ___

b) 40 : 10 = ___
35 : 7 = ___
42 : 6 = ___

c) 64 : 8 = ___
30 : 5 = ___
49 : 7 = ___

d) 6 : 2 = ___
63 : 9 = ___
28 : 4 = ___

3 Kontrolliere mit dem Kopfrechentrainer.

a)

·	3	8	5
6			
9			
4			

b)

·	1	7	10
3			
7			
		56	

c)

·		6	
	40		20
	50	30	
			45

d)

·			5
8		64	
9	18		
		80	

e)

·	5	6	7
	15		
		24	
			42

f)

·			

4 a)

:	2	4	8
8			
40			
16			

b)

:	1	4	8
8			
24			
32			

c)

:	2		6
12		4	
			6
24			

d)

:	2	3	6
			2
	18		
		10	

e)

:	3	6	9
	6		
		6	
			6

f)

:			

1 Wie viele verschiedene Möglichkeiten hat Jonas, sich anders anzuziehen? Male an.

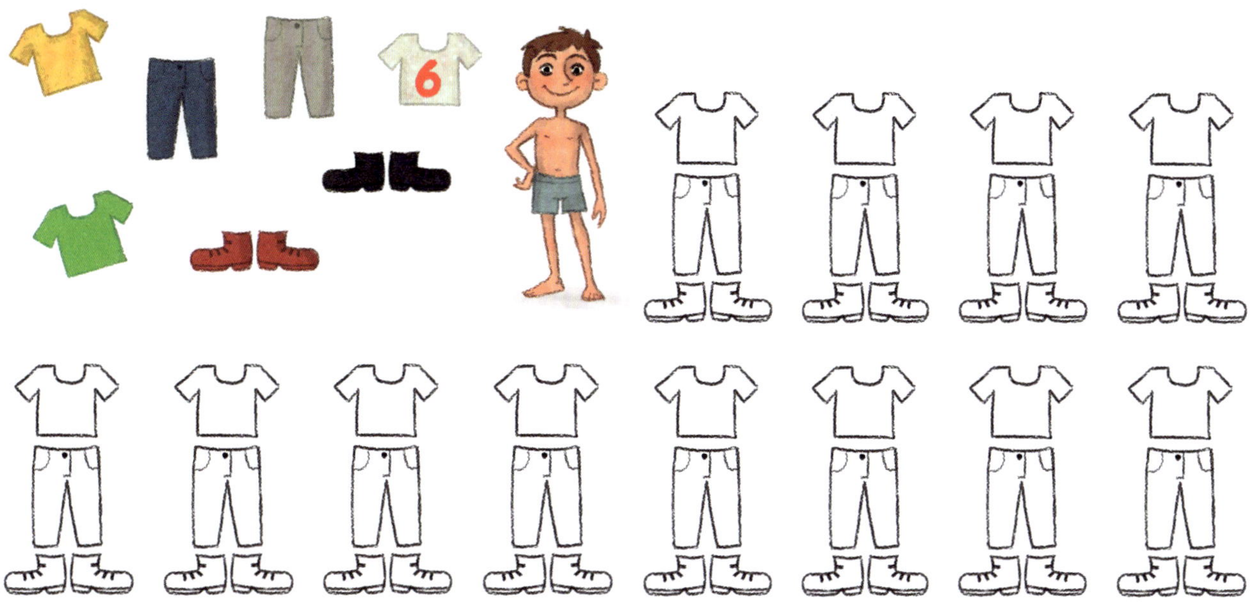

2 Finde möglichst viele zweistellige Zahlen im Zahlenraum bis 100, die du mit den Ziffernkärtchen legen kannst.

3 Welche Würfelbilder könnt ihr mit 4 Würfeln würfeln, wenn keine Zahl doppelt vorkommt? Zeichnet die Würfelbilder.

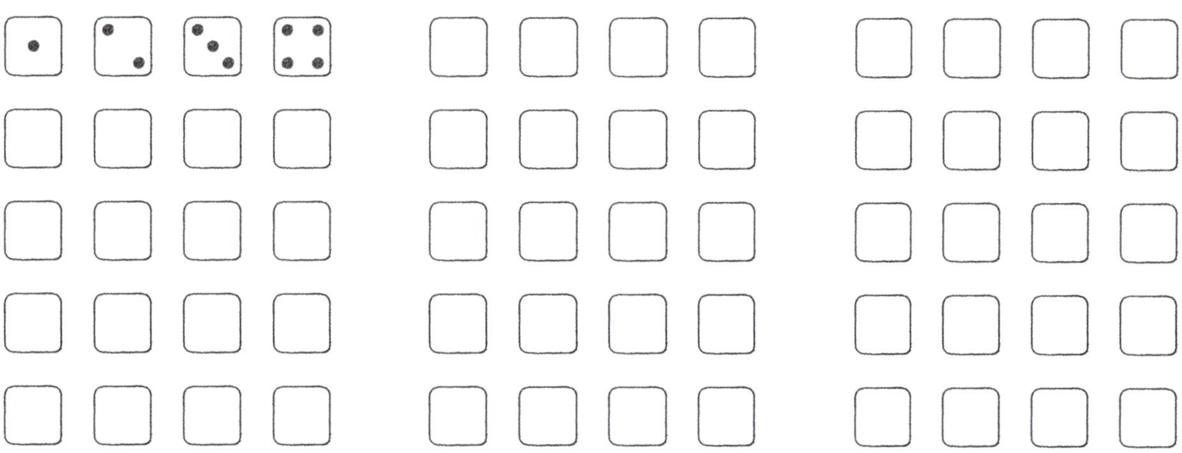

1 In einem Beutel sind eine gelbe, eine rote, eine grüne und eine blaue Kugel.
Paul nimmt mindestens eine Kugel aus dem Beutel.
Finde möglichst viele Möglichkeiten, was danach noch im Beutel sein könnte.

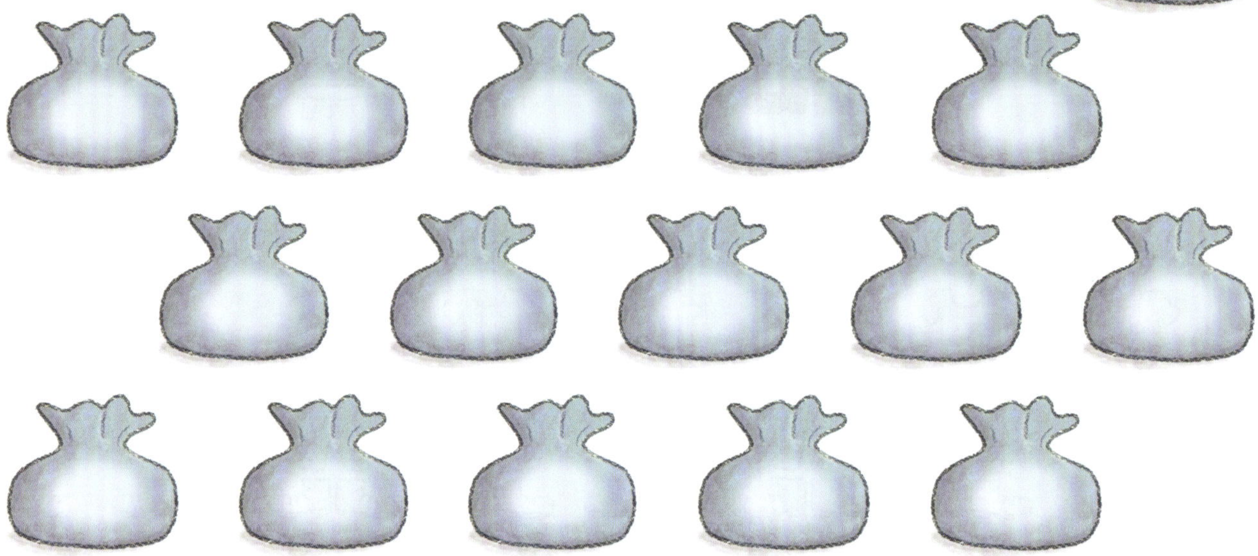

2 Finde alle Möglichkeiten, um vom Start (S) zum Ziel (Z) zu gelangen. Jeder Schritt darf entweder nach rechts oder nach unten gehen.

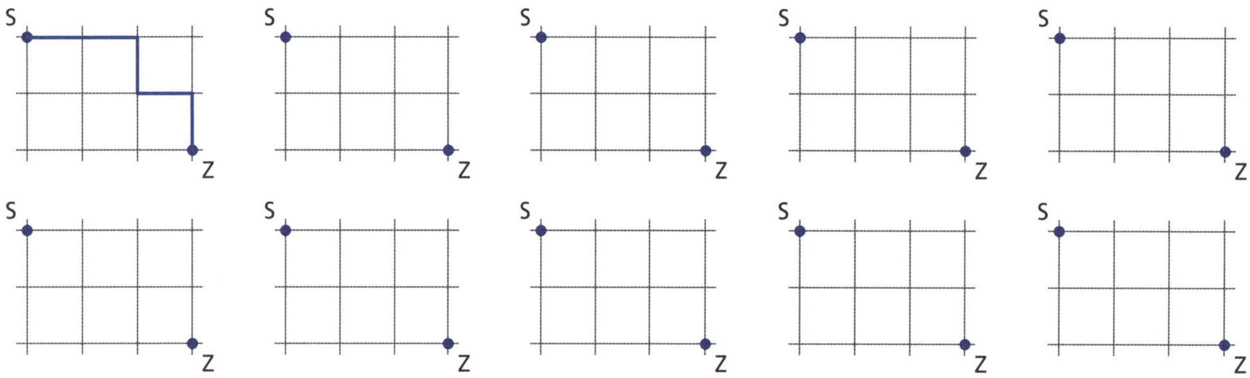

3 Bilde alle möglichen Buchstabenfolgen aus R R U R U.

4 a) Bilde mit je 2 Zahlenkarten Minusaufgaben.
Wie viele verschiedene Ergebnisse sind möglich?

17 15 8 12

b) Wie viele verschiedene Ergebnisse sind möglich, wenn du 5 Zahlenkarten verwenden darfst? Probiere auf einem Hilfszettel.

A: Es sind ____ Ergebnisse möglich.

2, 3 ggf. engen Bezug zwischen den Aufgaben entdecken lassen

1 Zeichne zu jeder Aufgabe das passende Punktebild. Rechne.

a) 28 Kinder sollen in 5er-Gruppen aufgeteilt werden.

___ : ___ = ___ Rest ___

Es gibt ___ 5er-Gruppen.
___ Kinder bleiben übrig.

b) Aus 16 Steckwürfeln sollen 3er-Türme gebaut werden.

___ : ___ = ___ Rest ___

Es gibt ___ 3er-Türme.
___ Steckwürfel bleiben übrig.

c) 35 Karten sollen an 4 Kinder verteilt werden.

___ : ___ = ___ Rest ___

Jedes Kind bekommt ___ Karten.
___ Karten bleiben übrig.

d) 26 Murmeln sollen an 6 Kinder verteilt werden.

___ : ___ = ___ Rest ___

Jedes Kind bekommt ___ Murmeln.
___ Murmeln bleiben übrig.

2 Finde zu jedem Aufgabenkärtchen das passende Zahlenkärtchen.
Wie heißt der Lösungssatz?

~~34 : 8~~ 44 : 9 70 : 8 61 : 7 26 : 5 59 : 7 46 : 6 40 : 10 69 : 10 10 : 11

Rest 0 | S
Rest 4 | T
Rest 10 | G
Rest 6 | Ü
Rest 3 | E
Rest 5 | B
Rest 8 | L
Rest 9 | I
Rest 1 | R
~~Rest 2~~ | D

D ___ ___ ___ ___ ___ ___ ___ ___ ___ ___ ___ ___ ___ ___ ___ ___ ___.

1 Für die Schulgarten-AG haben sich 20 Kinder angemeldet. Zum ersten Treffen sind aber nur 17 Kinder gekommen. Sie treffen sich immer dienstags und freitags von 13.15 Uhr bis 14.30 Uhr mit ihrem Lehrer, Herrn Moser. Je zwei Kinder sollen zusammen die Pflege eines Beetes übernehmen. Im Schulgarten gibt es insgesamt 5 Blumenbeete, 2 Gemüsebeete, 3 Kräuterbeete und 2 Beete mit Obststräuchern. Die Obststräucher sind in drei Reihen gepflanzt. In jeder Reihe stehen 8 Sträucher im Abstand von 30 cm. Ins Kräuterbeet können noch 8 neue Kräuter gepflanzt werden. 6 hat Herr Moser bereits gekauft.

a) Finde verschiedene Fragen zum Text.

____

____

____

____

____

b) Welche Aussagen stimmen? Kreuze an.

☐ 19 Kinder nehmen an der Schulgarten-AG teil.

☐ Die Schulgarten-AG trifft sich zweimal in der Woche.

☐ In jedem Obstbeet stehen 24 Obststräucher.

☐ Die Schulgarten-AG dauert dienstags nur 75 Minuten.

☐ Drei Kinder müssen ein Beet gemeinsam pflegen, da sich zu viele Kinder angemeldet haben.

☐ Herr Moser muss noch 10 neue Kräuter kaufen.

2 In ein Blumenbeet passen 36 Blumenpflanzen.
Die Blumen sollen in gleich lange Reihen gepflanzt werden.

a) Wie könnten die Blumen gepflanzt werden? Finde verschiedene Möglichkeiten. Zeichne deine Lösungen.

b) Wie viele Möglichkeiten kann es höchstens geben? Begründet.

3 Schreibe zu jeder Aufgabe Frage, Lösungsweg und Antwort auf.

a) Die Lehrerin Frau Weber möchte für den Schulgarten 6 Tomatenpflanzen kaufen.

F: ______

L:

A: ______

b) Frau Weber bezahlt mit einem 50-Euro-Schein.

F: ______

L:

A: ______

c) Frau Weber kam um 18.27 Uhr im Gartencenter an. Um 19 Uhr war sie mit ihrem Einkauf fertig.

F: ______

L:

A: ______

4 Im Gartencenter gibt es ein Sonderangebot: 2 Haselnusssträucher für 9 €.

a) Es wurden bereits 18 Haselnusssträucher verkauft.

F: ______

______

L:

A: ______

______

b) Wie viel kostet ein Haselnussstrauch?

L:

A: ______

______

zu Schülerbuchseite 118

1 Wie heißt die gesuchte Zahl?

a) Max denkt sich eine Zahl. Wenn er sie mit 5 malnimmt, erhält er 45.

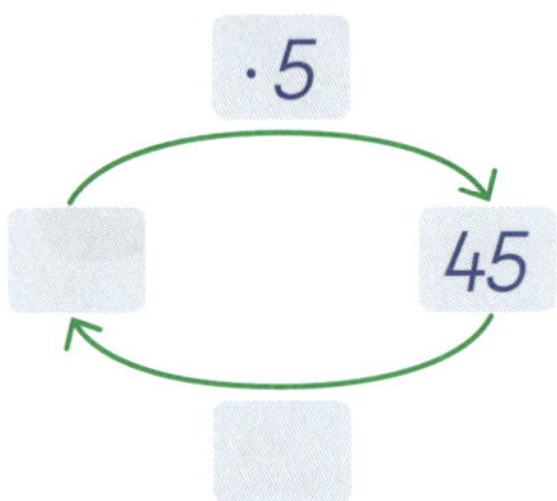

Die Zahl heißt ___.

b) Lina denkt sich eine Zahl. Wenn sie die Zahl durch 7 teilt, erhält sie 6.

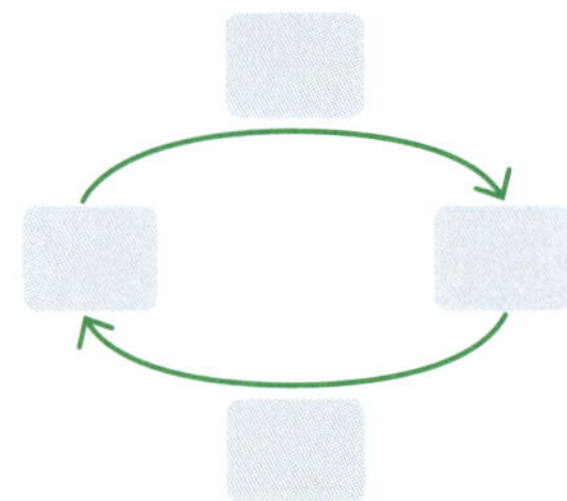

Die Zahl heißt ___.

c) Sarim denkt sich eine Zahl. Wenn er 28 abzieht, erhält er 36.

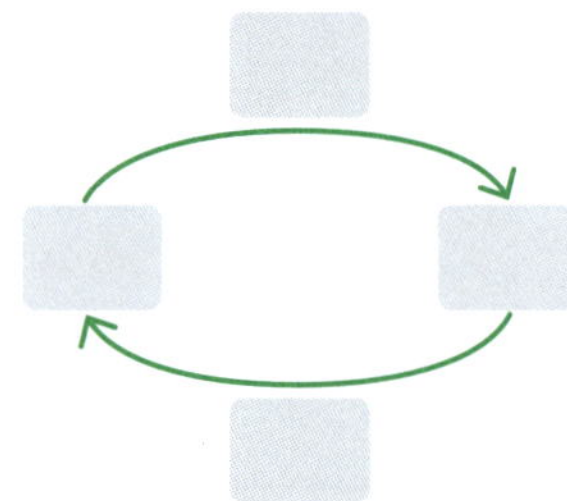

Die Zahl heißt ___.

2

a) ___ : 8 = 9

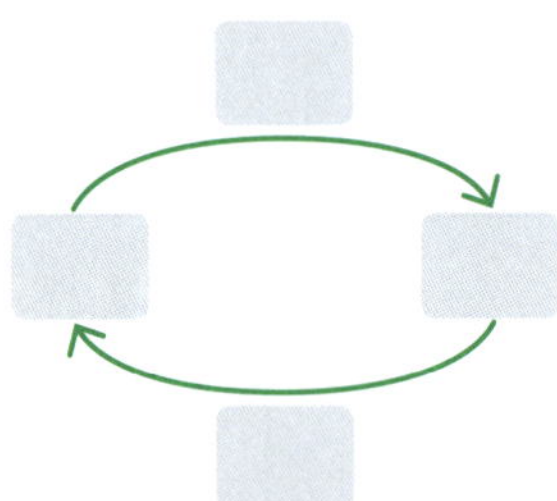

Die Zahl heißt ___.

b) ___ + 48 = 67

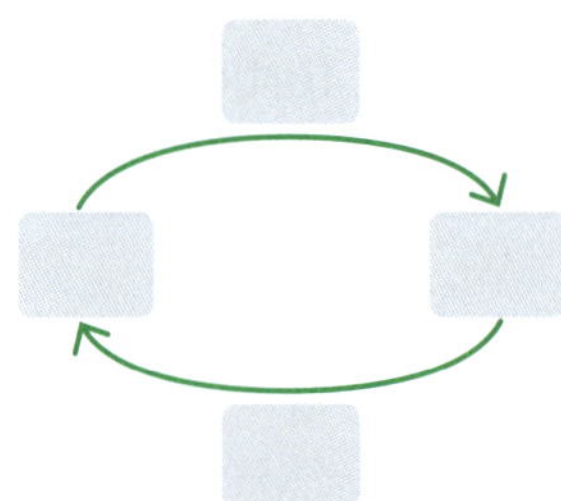

Die Zahl heißt ___.

c) ___ · 5 = 35

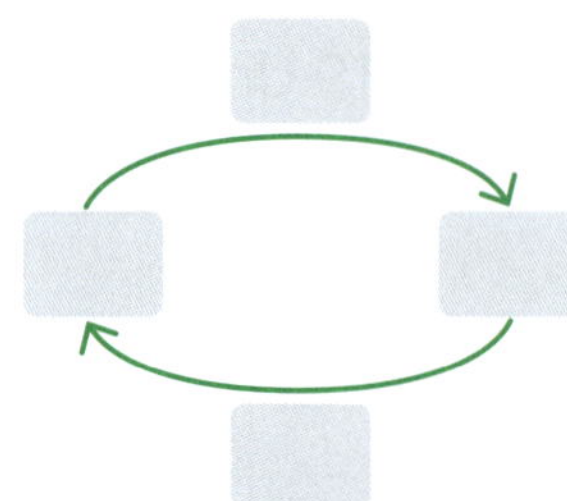

Die Zahl heißt ___.

3

Ich denke mir eine Zahl. Ich rechne zuerst 37 hinzu. Dann ziehe ich 29 ab und erhalte 56. Wie heißt meine Zahl?

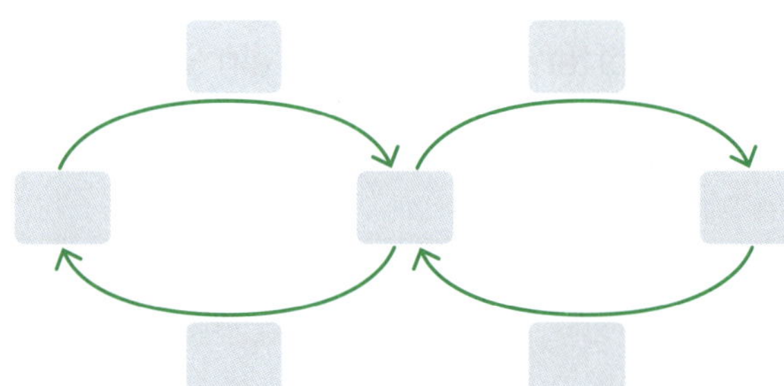

Die Zahl heißt ___.

4

Ich denke mir eine Zahl. Wenn ich 4 hinzurechne, dann durch 4 teile, danach 2 hinzurechne und das Ergebnis verdopple, erhalte ich wieder meine Zahl.

1 Male die Kugeln im Beutel so an, dass die Aussage stimmt.

a) Es ist **unmöglich**, dass ich eine blaue Kugel aus dem Beutel ziehe.

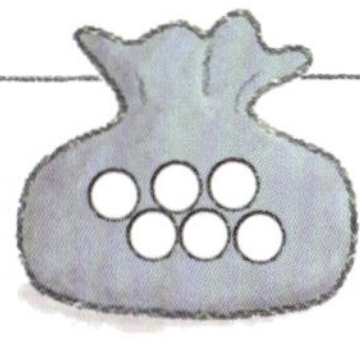

b) Es ist **wahrscheinlich**, aber nicht sicher, dass ich eine rote Kugel aus dem Beutel ziehe.

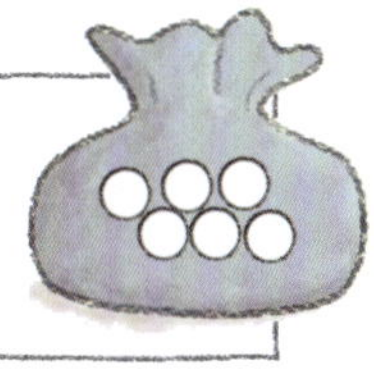

c) Es ist **möglich**, dass ich eine blaue Kugel aus dem Beutel ziehe.

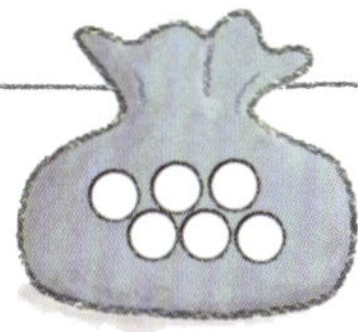

d) Es ist **sicher**, dass ich eine blaue Kugel aus dem Beutel ziehe.

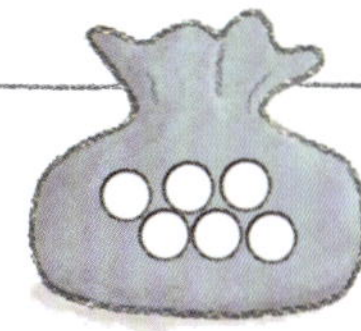

e) Es ist **unwahrscheinlich**, dass ich eine rote Kugel aus dem Beutel ziehe.

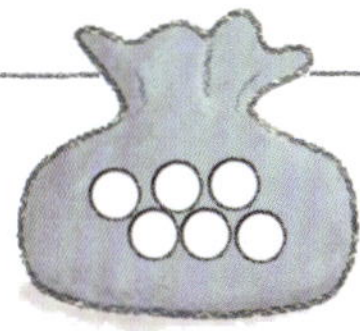

f) Es ist **gleichwahrscheinlich**, dass ich eine rote oder eine blaue Kugel aus dem Beutel ziehe.

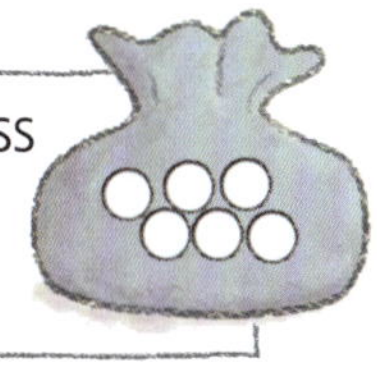

2 möglich | unmöglich | wahrscheinlich | sicher | unwahrscheinlich

Maxi hat in ihrem grünen Beutel Zahlenkarten mit den Zahlen von 1 bis 20.

a) Schreibe jeweils das passende Wort in die Lücke.

Es ist ____________________, dass Maxi eine Karte mit einer geraden Zahl zieht.

Es ist ____________________, dass sie eine Karte mit der Zahl 32 zieht.

Es ist ____________________, dass sie eine Karte zieht, deren Zahl kleiner als 21 ist.

Es ist ____________________, dass sie eine Karte zieht, deren Zahl größer als 17 ist.

Es ist ____________________, dass sie eine Karte zieht, deren Zahl kleiner als 17 ist.

Kenan Maxi

b) Schreibe Sätze mit den Begriffen von oben, die zu Kenans Zahlenkarten im Beutel passen.

____

____

____

____

____

____

1 Welche Streichholzfiguren haben eine gleich große Fläche? Verbinde.

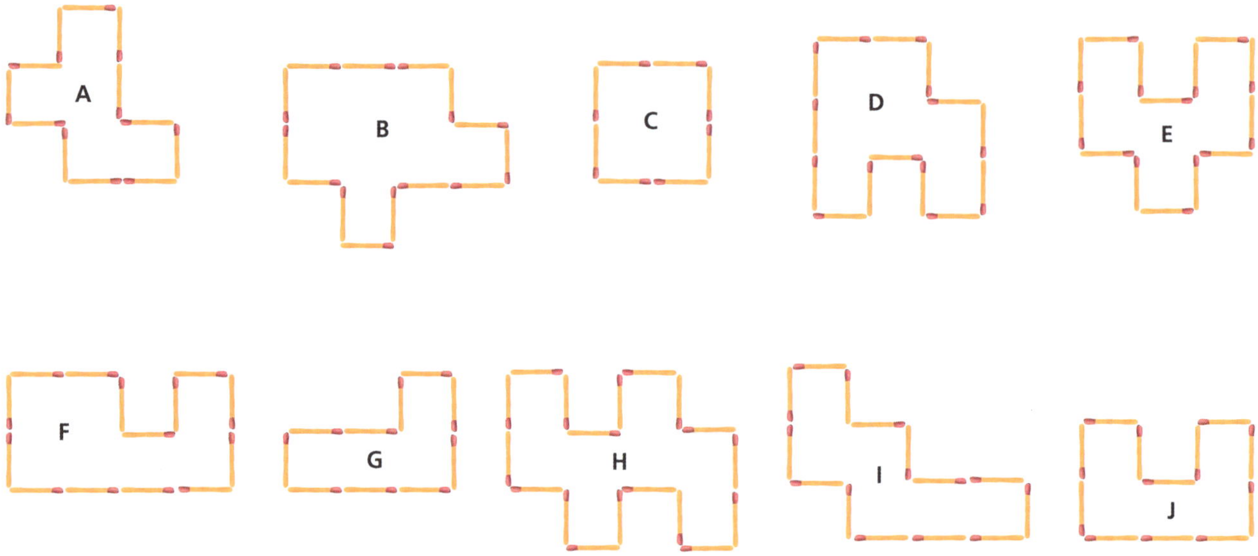

2 Zeichne zu jeder Figur zwei weitere Figuren, die den gleichen Flächeninhalt haben.

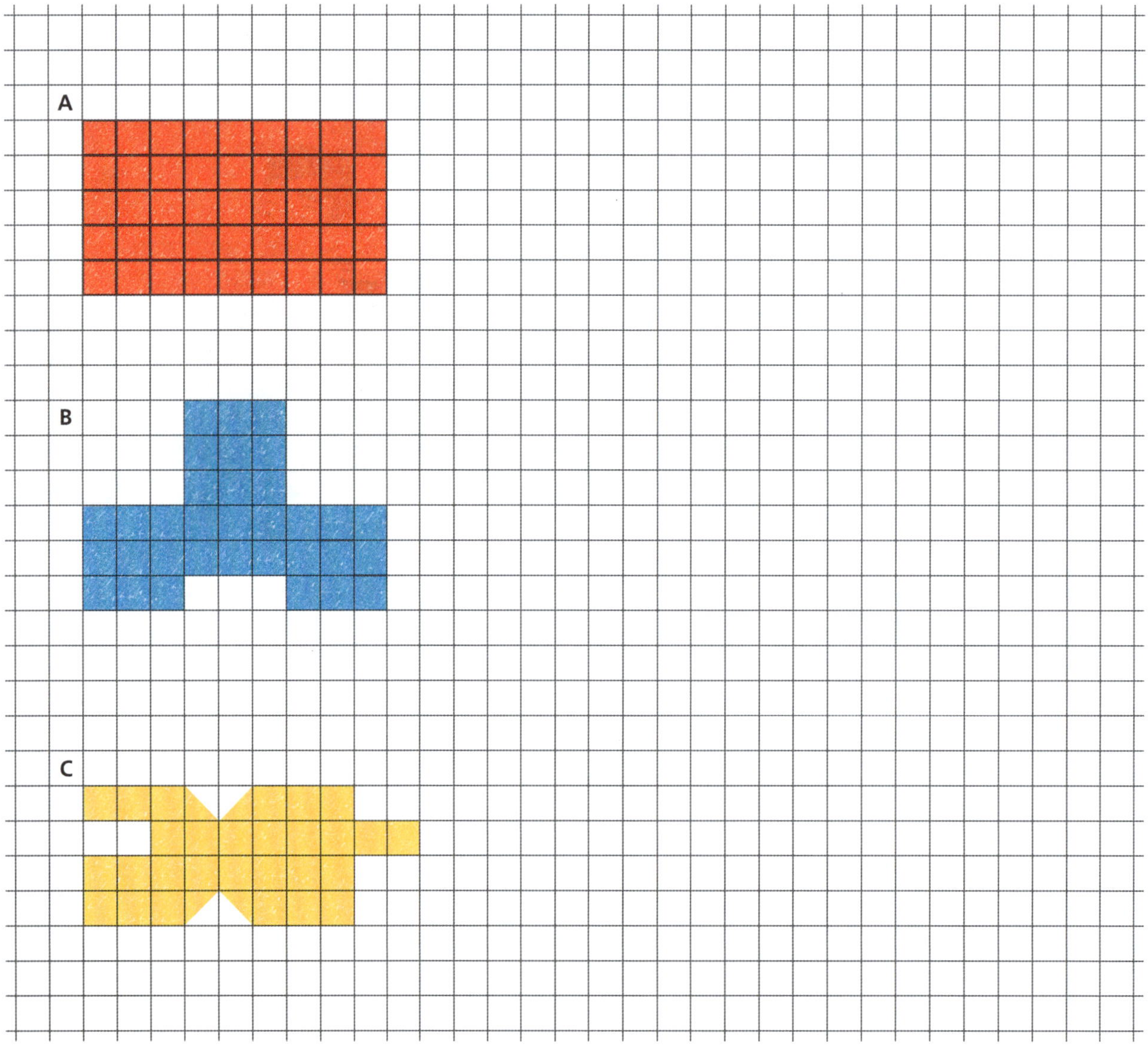

zu Schülerbuchseite 126

1 Bestimme den Umfang der Figuren. Ordne sie.
Beginne mit der Figur, die den kleinsten Umfang hat.

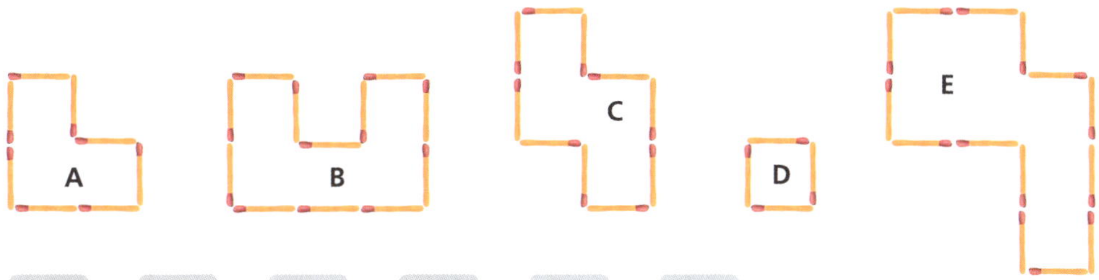

___ < ___ < ___ < ___ < ___ < ___

2 Legt zu der Figur eine Figur, die den gleichen Flächeninhalt, aber einen kleineren Umfang und eine Figur, die den gleichen Flächeninhalt, aber einen größeren Umfang hat. Zeichnet eure Lösung.

Figur mit gleichem Flächeninhalt, aber kleinerem Umfang:

Figur mit gleichem Flächeninhalt, aber größerem Umfang:

3 Lege eine passende Figur aus Streichhölzern.
Zeichne deine Lösung.

a) Die Figur hat einen Flächeninhalt von 5 Streichholzquadraten und einen Umfang von 12 Streichholzlängen.

b) Die Figur hat einen Flächeninhalt von 8 Streichholzquadraten und einen Umfang von 14 Streichholzlängen.

1 Beim Schubkarrenrennen, das von der Klasse 2b organisiert wird, treten immer 3 Paare gegeneinander an. Jedes Paar soll aus einem Kind und einem Erwachsenen bestehen. Je Paar kostet das Mitmachen 2 Bons. Alle 10 Minuten gibt es ein Rennen.

a) Wie viele Schubkarrenrennen gibt es in einer Stunde?

L:

A: ______________________________

____

b) Wie viele Bons nimmt die Klasse 2b in einer Stunde höchstens ein?

L:

A: ______________________________

____

2 Gustl aus der Klasse 2a ist mit seiner Schwester Paula, seinen Eltern und seinem Onkel Alfons zum Schulfest gekommen. Alle fünf möchten beim Schubkarrenrennen mitmachen.

a) Wie viele unterschiedliche Kombinationen sind möglich?

L:

A: ______________________________

b) Wer macht öfter mit: Gustl und Paula oder die drei Erwachsenen?

A: ______________________________

3 Verändere die Fragen so, dass du sie mithilfe einer Rechnung beantworten kannst.

a) Beim Dosenwerfen trifft Ansgar 9 Dosen. 12 Dosen bleiben stehen.
Wie viele Bons hat er bezahlt?

F: ______________________________

L:

A: ______________________________

b) Für das Eierlaufen werden je Lauf 6 Eier benötigt. Es soll 8 Läufe geben.
Wie viel haben die Eier gekostet?

F: ______________________________

L:

A: ______________________________

4 Male zu jedem Aufgabentext die dazugehörige Frage, den Lösungsweg und die passende Antwort in der richtigen Farbe an.

Der Rollschuhparcours führt 10 m zum ersten Fähnchen, dann 8 m nach rechts zum zweiten Fähnchen und wieder zurück.	Bis zum zweiten Fähnchen sind es 18 m. Alle 6 m steht ein Hindernis. Am Start gibt es kein Hindernis.	Beim nächsten Durchgang möchten 16 Kinder mitmachen. Es werden 4er-Gruppen gebildet.	Frau Langreiter hat die Preise eingekauft. Sie hat 8 Bücher zu je 5 €, 14 Postkarten zu je 1 € und 9 Jojos zu je 4 € gekauft.
F: Wie viele Kinder sind in einer Gruppe?	F: Wie viel hat sie insgesamt für die Preise bezahlt?	F: Wie viele Hindernisse gibt es bis zum zweiten Fähnchen?	F: Wie lang ist die Strecke insgesamt, die die Kinder im Rollschuhparcours zurücklegen?
L: 18 : 6 = 3	L: 2 · 10 m = 20 m 2 · 8 m = 16 m 20 m + 16 m = 36 m	L: 8 · 5 € = 40 € 14 · 1 € = 14 € 9 · 4 € = 36 € 40 € + 14 € + 36 € = 90 €	L: 16 : 4 = 4
A: Sie hat insgesamt 90 € bezahlt.	A: Die Strecke ist insgesamt 36 m lang.	A: In jeder Gruppe sind 4 Kinder.	A: Es gibt 3 Hindernisse bis zum zweiten Fähnchen.

1 Wie viele Dreiecke sind in dem großen Dreieck zu sehen?

Es sind insgesamt ___ Dreiecke.

2

3 Herr Gruber kauft sich ein Fahrrad. Er bezahlt dafür 50 €. Am nächsten Tag verkauft er es weiter an seinen besten Freund für 60 €. Am übernächsten Tag kauft er sich wieder ein neues Fahrrad. Dieses Mal bezahlt er dafür 70 €. Es gefällt ihm nicht, deshalb verkauft er es wieder und bekommt dafür 80 €. Hat er insgesamt einen Gewinn gemacht? Begründet.

A: ______________________________

____

4 Finde die 10 Fehler im rechten Bild. Kreise ein.